Harald Gutsche
Bernd Limburg
Pierre Tamke
Frank Unruh
Jörg Zitzmann

Geprüfte Schutz- und Sicherheitskraft
Übungsbuch zur Vorbereitung auf die GSSK-Prüfung vor der IHK

20 % Rabatt

DIGITALE LERNKARTEN

Nutze die Macht der Wiederholung und lerne noch leichter für Deine Prüfung!

Deine Vorteile der digitalen Lernkarten

1. **Flexibilität**
   Du hast Dein Kartenpaket immer dabei – spontan lernen, wenn es passt!
2. **Zeitersparnis**
   Schnelle Aktualisierungen bei Neuerungen und Fragen mit Schnelllese-funktion.
3. **Sicherheit**
   Lerne nach wissenschaftlichen Erkenntnissen und sei bestens gerüstet für Deine Prüfung!

Geprüfte Schutz- und Sicherheitkraft
Übungsbuch zur Vorbereitung auf die GSSK-Prüfung vor der IHK

von

Harald Gutsche
Meister für Schutz und Sicherheit

Bernd Limburg
Werkschutzmeister

Pierre Tamke
Meister für Schutz und Sicherheit

Frank Unruh
Polizeimeister a. D., Security Manager (EBS)

Jörg Zitzmann
Rechtsanwalt, Meister für Schutz und Sicherheit, Berufspädagoge

3. Auflage 2023
Stand: 1. November 2022

Verlagshaus Zitzmann, Nürnberg

Bibliographische Informationen der Deutschen Nationalbibliothek:
Die Deutsche Nationalbibliothek verzeichnet diese Publikation in der Deutschen Nationalbibliographie. Detaillierte bibliographische Daten sind im Internet unter http://dnb.d-nb.de abrufbar.

ISBN 978-3-96155-154-5

Haftungsausschluss:

Die Auswahl der Inhalte erfolgte mit großer Sorgfalt. Trotzdem kann nicht ausgeschlossen werden, dass in Prüfungen Inhalte Thema sein können, die nicht in diesem Buch aufgeführt sind.
Der Verlag schließt für etwaige daraus resultierende Schäden (Nichtbestehen einer Prüfung o. ä.) hiermit ausdrücklich jede Haftung aus, es sei denn, dass der Schaden aufgrund von Vorsatz oder grober Fahrlässigkeit eingetreten ist.

Sollten Sie Punkte vermissen oder sonstige Anregungen an uns haben, würden wir uns freuen, wenn Sie uns dies mitteilen.

Aufgrund der besseren Lesbarkeit wird in den Texten der Einfachheit halber nur die männliche Form verwendet. Die weibliche und diverse Form sind selbstverständlich immer mit eingeschlossen.

Jörg Zitzmann, Wieseneckstraße 26, 90571 Schwaig b. Nürnberg
www.verlagshaus-zitzmann.de
info@verlagshaus-zitzmann.de
Tel: 0911/99 099 460

Satz & Layout: Ingrid Lehmann
Umschlagmotiv: © Kalim – stock.adobe.com
Druck und Bindung: D.O.S. Document Office Solutions GmbH, Tutzing
Gedruckt in Deutschland

Im Verlagshaus Zitzmann sind erschienen / werden erscheinen:
(Stand 11/2022)

Ausbildereignungsprüfung gem. AEVO:
Ausbildereignungsprüfung Lehrbuch
Ausbildereignungsprüfung Übungsbuch
Gesetzessammlung Ausbildereignungsprüfung gem. AEVO

Industriemeister/Meister für Schutz und Sicherheit:
Gesetzessammlung Industriemeister GQ
Industriemeister Band 1 Rechtsbewusstes Handeln
Industriemeister Band 2 Betriebswirtschaftliches Handeln
Industriemeister Band 3 Zusammenarbeit im Betrieb
Industriemeister Band 4 Methoden der Planung
Industriemeister Band 5 Naturwissenschaftliche und technische Gesetzmäßigkeiten
Industriemeister Rechtsbewusstes Handeln – Prüfungsvorbereitung
Industriemeister Betriebswirtschaftliches Handeln – Prüfungsvorbereitung
Industriemeister Kosten- und Leistungsrechnung – Prüfungsvorbereitung
Industriemeister Zusammenarbeit im Betrieb – Prüfungsvorbereitung
Industriemeister Band 5 Naturwissenschaftliche und technische Gesetzmäßigkeiten – Prüfungsvorbereitung

Meister für Schutz und Sicherheit:
Gesetzessammlung Meister für Schutz und Sicherheit HQ
Handlungsspezifische Qualifikationen Band 1 Schutz- und Sicherheitstechnik
Handlungsspezifische Qualifikationen Band 2 Organisation
Handlungsspezifische Qualifikationen Band 3 Führung und Personal
Sonderband: Sicherheitskonzepte

Fachkraft / Servicekraft für Schutz und Sicherheit:
Gesetzessammlung Fachkraft für Schutz und Sicherheit
Band 1 Lehrbuch Rechtsgrundlagen
Band 2 Lehrbuch Umgang mit Menschen
Band 3 Lehrbuch Dienstkunde/Sicherheitstechnik
Band 4 Lehrbuch Wirtschafts- und Sozialkunde

Geprüfte Schutz und Sicherheitskraft:
Gesetzessammlung Geprüfte Schutz- und Sicherheitskraft
Lehrbuch Geprüfte Schutz- und Sicherheitskraft
Prüfungsvorbereitung Geprüfte Schutz- und Sicherheitskraft

Sonstiges:
Arbeitsrecht in der privaten Sicherheit
Detektiv im Einzelhandel
Toto – der nächste Einsatz kommt bestimmt!
Protect you & me – Wie Du sicher durchs Leben gehst und Dich und Deine Freunde schützt

Weitere Titel finden Sie unter www.verlagshaus-zitzmann.de

Weitere Bücher zum Thema Sicherheit sind in Vorbereitung.

Aktuelle Informationen erhalten Sie unter:
Internet: www.verlagshaus-zitzmann.de
Facebook: www.facebook.com/verlagshauszitzmann

Jörg Zitzmann, Jahrgang 1967, ist Rechtsanwalt, Berufspädagoge, Meister für Schutz und Sicherheit, Geschäftsführer der nach DIN EN ISO 9001:2015 und AZAV zertifizierten Sicherheitsschule Mission: Weiterbildung. GmbH in Nürnberg, Dozent bei den Industrie- und Handelskammern Frankfurt am Main und Nürnberg und u. a. Mitglied des Prüfungsausschusses „Meister für Schutz und Sicherheit" bei der IHK Nürnberg.

Harald Gutsche, Jahrgang 1965, ist Bereichsleiter bei dem Sicherheitsdienstleister Gegenbauer Sicherheitsdienste GmbH in Berlin, Meister für Schutz und Sicherheit, Dozent und Mitglied der Prüfungsausschüsse „Meister für Schutz und Sicherheit", „Fachkraft und Servicekraft für Schutz und Sicherheit", „Geprüfte Schutz- und Sicherheitskraft", „Sachkundeprüfung" sowie „Industriemeister Metall (BQ)" bei der IHK Berlin und Fachkraft für Arbeitssicherheit.

Bernd Limburg, Jahrgang 1967, ist Werkschutzmeister, Referent bei der Standortsicherheit der BASF SE in Ludwigshafen, Dozent bei der IHK Pfalz, Mitglied in folgenden Prüfungsausschüssen „Geprüfte Schutz- und Sicherheitskraft", „Fachkraft und Servicekraft für Schutz und Sicherheit" IHK Pfalz, Autor für Fachliteratur der Sicherheitswirtschaft.

Pierre Tamke, Jahrgang 1979, ist Leiter der Sicherheitsschule und CSR Manager der Klüh Security GmbH in Cham. Er ist Meister für Schutz und Sicherheit, Fachkraft für Arbeitssicherheit, QM-Auditor, Brandschutzbeauftragter, Compliance Officer, Mitglied der Prüfungsausschüsse „Meister für Schutz und Sicherheit" und „Geprüfte Schutz- und Sicherheitskraft" bei der IHK Nürnberg, ehemaliger Experte im Normenausschuss DIN 77200 „Wach- und Sicherheitsdienstleistungen" und Normenausschuss „Geld- und Wertdienste". Fachliche Schwerpunkte liegen in den Bereichen Aus- und Weiterbildung von Erwachsenen, Qualitätsmanagement, Compliance, Arbeits-, Umwelt- und Gesundheitsschutz, Vertrieb sowie Nachhaltigkeit.

Frank Unruh, Jahrgang 1977, ist Referent der Unternehmenssicherheit der Allianz Deutschland AG. Er ist ehemaliger Niederlassungsleiter eines Sicherheitsunternehmens, Polizeimeister a.D. und hat Managementtechniken studiert. Er ist Mitglied in den Prüfungsausschüssen der IHK Berlin: Fachkraft für Schutz und Sicherheit, Servicekraft für Schutz und Sicherheit und Sachkundeprüfung.

Symbolverzeichnis

 Beispiel

 Achtung, Wichtig

 Frage, Aufgabe

 Antwort

 Rechtsprechung

Vorwort zur 3. Auflage

Die Geprüfte Schutz- und Sicherheitskraft (GSS) ist die Nachfolgerin der Werkschutzfachkraft, deren letzte Prüfungen 2006 gelaufen sind.

Während es in der Werkschutzfachkraft hauptsächlich um die Wiedergabe (auswendig) gelernten Wissens ging, ist die Prüfung zur GSSK handlungsbezogen aufgebaut. Das heißt, vom Prüfungsteilnehmer wird nicht nur erwartet, dass er den Stoff beherrscht, sondern auch, dass er ihn in Prüfungsaufgaben anwenden kann.

Hier setzen die zwei Bücher dieses Verlags zur GSSK an.

Das vorliegende Buch zur Prüfungsvorbereitung zeigt erstmalig, wie das Erlernte in der Prüfung wirklich umzusetzen ist, um die Prüfung zu bestehen. Erreicht wird das durch verständliche Darstellung der Prüfungsinhalte und viele Beispiele. Durch Auswertung der Prüfungen der vergangenen Jahre konnten zudem entscheidende Schwerpunkte gesetzt werden.

Sie erhalten hier nicht nur das „klassische Frage-Antwort-Buch", sondern eine gezielte, prüfungsbezogene Vorbereitung bis hin zu kompletten Probeprüfungen. So wurde die strikte Trennung nach Fachgebieten aufgehoben und die Themen wie in der Prüfung miteinander verknüpft.

Hinweise zum Ablauf von schriftlicher und mündlicher Prüfung runden das Ganze ab.

In der vorliegenden Auflage ist der aktuelle Rahmenplan von 2020 eingearbeitet, so dass auch zukünftige Prüfungen abgedeckt sind.

Wir wünschen allen Nutzern dieses Buchs in der Prüfung viel Erfolg!

Die Autoren im Oktober 2022

Einführung

Als im Herbst 2006 die erste Prüfung zur „Geprüften Schutz- und Sicherheitskraft" stattfand, wurde ersichtlich, dass diese Prüfung nicht mit den alten „Werkschutzfachkraftprüfungen" vergleichbar sein würde.

Nicht nur die Formalien der Prüfung haben sich geändert (statt schriftlich vier Teile à zwei Stunden jetzt zwei Teile à 150 Minuten).

War bei Werkschutzfachkraftprüfungen noch viel mit „Auswendiglernen" gefordert („Nennen Sie die Voraussetzungen der Notwehr"), so wird jetzt die Bearbeitung komplexer Fallkonstruktionen verlangt, die sich auch noch zum Teil von Frage zu Frage weiterentwickeln.

Dabei gibt es teilweise zweistellige Punktebewertungen pro Frage, so dass schon die falsche Beantwortung von zwei bis drei Fragen im Gesamtergebnis zum Nichtbestehen der Prüfung führen kann.

Die Prüfungsergebnisse zeigen, dass sich viele Prüflinge mit dieser neuen Art schwer tun.

Insbesondere die Fragestellung bereitet manchen Teilnehmern derartige Schwierigkeiten, dass teilweise die Antworten mit der Frage nur wenig oder auch gar nichts zu tun haben.

Dazu kommt, dass im mündlichen Teil nicht mehr nur wie bisher passiv auf Fragen geantwortet werden, sondern ein Vortrag gehalten werden muss, was für viele Prüfungsteilnehmer schwierig ist.

Hier setzt dieses Übungsbuch an. Es vermittelt Ihnen, welche Kenntnisse in der Prüfung ein Muss sind und wie das Wissen, das sich der Prüfungsaspirant in Lehrgängen und/oder Büchern angeeignet hat, in der schriftlichen und mündlichen Prüfung so umgesetzt werden kann und muss, damit diese erfolgreich bestanden werden.

Nebenbei kann so auch der eine oder andere Stoffteil wiederholt werden.

Ergänzend enthält es zum Üben viele Beispielsfälle, die einen sicheren Umgang mit den Prüfungsaufgaben trainieren.

Inhaltsverzeichnis

I. Grundlagenwissen

Im 29-seitigen Rahmenplan zur „Geprüften Schutz- und Sicherheitskraft" werden alle Themen behandelt, die in der Prüfung abgefragt werden können.

Diese werden wie folgt unterteilt:

Handlungsbereich „Rechts- und Aufgabenbezogenes Handeln"

Dieser beinhaltet:

1. Rechtskunde
2. Dienstkunde

und wird mit ca. 60 von 100 Punkten im ersten Teil der schriftlichen Prüfung abgefragt, im zweiten mit ca. 20 von 100 Punkten.

Handlungsbereich „Gefahrenabwehr sowie Einsatz von Schutz- und Sicherheitstechnik"

Dieser beinhaltet:

3. Brandschutz und sonstige Notfallmaßnahmen
4. Arbeits-, Gesundheits- und Umweltschutz
5. Einsatz von Schutz- und Sicherheitstechnik

und ist Schwerpunkt im zweiten Teil der schriftlichen Prüfung mit ca. 60 von 100 Punkten, im vorgenannten Teil mit ca. 20 von 100 Punkten.

Handlungsbereich „Sicherheits- und serviceorientiertes Verhalten und Handeln"

Dieser beinhaltet:

6. Situationsbeurteilung
7. Kommunikation
8. Kunden- und Serviceorientierung
9. Zusammenarbeit

und wird hauptsächlich im mündlichen Teil der Prüfung abgefragt, ist aber in beiden schriftlichen Prüfungsteilen mit je ca. 20 von 100 Punkten vertreten.

Damit ergibt sich folgende Aufteilung im schriftlichen Teil:

Aufgabe **Rechts- und Aufgabenbezogenes Handeln** (150 Minuten)

Rechtskunde/Dienstkunde	ca. 60 %
Brandschutz und sonstige Notfallmaßnahmen Arbeits-, Gesundheits- und Umweltschutz Einsatz von Schutz- und Sicherheitstechnik	ca. 20 %
Situationsbeurteilung/Kommunikation Kunden- und Serviceorientierung/Zusammenarbeit	ca. 20 %

Aufgabe **Gefahrenabwehr sowie Einsatz von Schutz- und Sicherheitstechnik** (150 Minuten)

Brandschutz und sonstige Notfallmaßnahmen Arbeits-, Gesundheits- und Umweltschutz Einsatz von Schutz- und Sicherheitstechnik	ca. 60 %
Rechtskunde/Dienstkunde	ca. 20 %
Situationsbeurteilung/Kommunikation Kunden- und Serviceorientierung/Zusammenarbeit	ca. 20 %

Dabei ist jedoch zum einen nicht jeder Aspekt gleich wichtig für die Prüfung, zum anderen ist auf die „Anwendungstaxonomie" zu achten.

Darunter versteht man, dass der Prüfling manche Bereiche „nur" kennen, andere aber z.B. „verstehen" oder „anwenden" können muss.

Drei Ebenen werden im Rahmenstoffplan unterschieden:

- Wissen (Kenntnisse, z.B. Voraussetzungen der vorläufigen Festnahme nach § 127 StPO)
- Verstehen (Zusammenhänge, z.B. Unterscheidung der vorläufigen Festnahme § 127 StPO von der Selbsthilfe, § 229 BGB)
- Anwenden (Handlungen, z.B. Überprüfung, welche der beiden Vorschriften in einem konkreten Fall anwendbar ist)

Weitere Teile der Prüfung finden im Bereich „Anwenden" statt, da meist konkrete Fälle zu bearbeiten sind. Diese können aber auch mit „Wissensfragen", beispielsweise nach dem Aufbau einer Gefahrenmeldeanlage verbunden sein.

Im Folgenden wird dargestellt, welche Themenbereiche in welchem Umfang für die Prüfung beherrscht werden sollten, wobei klar sein muss, dass in einzelnen Prüfungen durchaus auch einmal ein Schwerpunkt auf einem Bereich liegen kann, der sonst seltener vorkommt.

Die hier gemachten Angaben beruhen auf den Erfahrungen der vergangenen Prüfungen. Welche genauen Inhalte zukünftige Prüfungen haben werden, kann diese Aufzählung natürlich nicht wiedergeben.

Jeder Prüfungsteil ist bestanden, wenn mindestens 50 von 100 Punkten erreicht wurden.

Wurde **nur ein** schriftlicher Prüfungsteil nicht bestanden (Note 5, mangelhaft, 30 – 49 Punkte), so kann dieser eine Teil in einer mündlichen Ergänzungsprüfung ausgeglichen werden. Dabei zählt das schriftliche Ergebnis doppelt, also 2 : 1.

Wurde eine schriftliche Prüfung mit Note 6 (0 – 29 Punkte), ungenügend oder beide mit Note 5 bearbeitet, ist eine mündliche Ergänzungsprüfung ausgeschlossen, die schriftlichen Teile müssen wiederholt werden.

Insgesamt kann jeder Prüfungsteil zweimal wiederholt, also maximal dreimal abgelegt werden.

1. Handlungsbereich „Rechts- und Aufgabenbezogenes Handeln"

1.1. Rechtskunde

Im Bereich Rechtskunde sind vier Bestandteile zu unterscheiden:

1. Abgrenzung öffentliches Recht/Privatrecht, Grundgesetz, Gewaltmonopol, hoheitliche Rechte/Jedermannsrechte

   Dieser Bereich ist „undankbar". Zwar wird in der Prüfung ein solides Grundwissen erwartet, doch eignet sich dieser Bereich wenig dafür, ihn in praktischen Fällen abzufragen.

Sichere Unterscheidung von öffentlichem und privatem Recht, sowie hoheitlicher Rechte und Jedermannsrechte sind jedoch unerlässlich.

2. § 903 BGB, Eigentümer, § 854BGB, Besitzer, § 855 BGB, Besitzdiener; § 858 BGB, Verbotene Eigenmacht, § 823 BGB, Unerlaubte Handlung; Besitzer-, Besitzdiener-, Jedermannsrechte (§§ 227 - 229, 859, 860, 904 BGB).

   Dieser Bereich ist **Kernbereich**. Hier sollte ein sehr gutes Wissen vorhanden sein, da die Jedermannsrechte und das Hausrecht das „Handwerkszeug" sind, mit dem Sicherheitsmitarbeiter umgehen können müssen.

   Die Erfahrung zeigt, dass das BGB in vielen Vorbereitungslehrgängen und in der Vorbereitung zu Hause vernachlässigt wird. Das rächt sich in der Prüfung ...

3. Strafrecht allgemeiner Teil/besonderer Teil

   Auch hier ist ein gutes Wissen wichtig, da in **jeder** Prüfung strafrechtliche Handlungen zu bewerten sind.

   Auf Straftaten, die in der Sicherheitsbranche immer wieder vorkommen, wie Hausfriedensbruch, Körperverletzung, Diebstahl oder Sachbeschädigung sollte ein besonderes Augenmerk gelegt werden.

   Daneben sind hier die Rechtfertigungsgründe (§ 32 StGB, Notwehr, § 34 StGB, rechtfertigender Notstand, § 127 StPO, vorläufige Festnahme) unbedingt zu beherrschen.

   Wie Straftatbestände so geprüft werden, dass es möglichst viele Punkte gibt, wird weiter unten erläutert.

4. Datenschutz-, Umweltschutz-, Betriebsverfassungs-, Arbeits- und Waffenrecht

   Diese Themenbereiche sind meist „nur" Beiwerk, können aber im Einzelfall auch mal etwas vertieft abgefragt werden.

   Solides „Grundlagenwissen" ist daher auch hier von Nöten.

1.2. Dienstkunde

Auch im Bereich Dienstkunde gibt es vier Bestandteile:

1. Tätigkeitsfelder der Sicherheitswirtschaft wie Objektschutz und Separatwachdienst, Revierwachdienst, Sicherungs- und Ordnungsdienst im öffentlichen Raum, sowie Veranstaltungsdienste

   Alle diese Themen können Gegenstand einer Prüfung sein und sollten daher beherrscht werden, soweit sie nicht aus der Praxis schon bekannt sind.

2. Handeln in besonderen Situationen wie Notfallmanagement; Verhalten bei Bedrohung, Schadensereignissen und Demonstrationen

   Diese Themen bieten sich geradezu an, Fälle dazu abzufragen. Bombendrohungen, Gebäuderäumungen, Vorgehensweisen bei Unfällen aller Art spielen in vielen Prüfungen eine Rolle.

3. Grundsätze der Eigensicherung

   Auch Eigensicherung ist ein wichtiges Thema, dessen Kenntnisse gerne abgefragt werden.

4. Melde- und Berichtswesen

   Ein Thema, das sowohl in der Prüfung als auch in der Praxis sehr hohe Relevanz hat.

   Zunächst muss hier klar sein, wann man eine Meldung verfasst, wann einen Bericht. Zudem sollte der jeweilige Inhalt klar sein.

   In der Vergangenheit wurden in Prüfungen schon wiederholt schriftliche Berichte abverlangt.

2. Handlungsbereich „Gefahrenabwehr sowie Einsatz von Schutz- und Sicherheitstechnik"

2.1. Brandschutz und sonstige Notfallmaßnahmen

Dieser Bereich ist in drei Bestandteile unterteilt:

1. Vorbeugender und abwehrender Brandschutz

   Dieser Bereich wird ebenfalls oft in der Prüfung abgefragt, insbesondere die Brandklassenunterscheidung muss unbedingt klar sein sowie der Grundsatz im Brandfall (Melden / Retten / Bekämpfen) und die Grundsätze der Brandbekämpfung.

2. Einrichtungen des Brandschutzes sowie Einhaltung von Brandschutzvorschriften

   Dies ist eher ein „Randthema", Grundwissen ist trotzdem unerlässlich.

3. Alarmierungsaufgaben, Räumung, Evakuierung

   Auch um diesen Themenbereich lassen sich viele Fallvarianten konstruieren und mit Themen der Dienstkunde verbinden.

2.2. Arbeits-, Gesundheits- und Umweltschutz

Auch dieser Bereich besteht aus drei Bestandteilen:

1. Arbeits- und Gesundheitsschutz

   Grundlagenwissen wie Kenntnisse über die Aufgaben einer Berufsgenossenschaft, sollte ebenso vorhanden sein, wie über die relevanten Unfallverhütungsvorschriften DGUV Vorschriften 1, 23 bzw. die ASR 1.3.

2. Umweltschutz

   Umweltschutz ist ein „Modethema" und sollte deswegen nicht außer Acht gelassen werden.

3. Gefahrklassen und Kennzeichnung gefährlicher Güter

   Speziell die Kontrolle von Gefahrguttransporten sowie die relevanten Gefahrklassen sind beliebtes Prüfungsthema

2.3. Einsatz von Schutz- und Sicherheitstechnik

Vier Themenbereiche sind hier zu finden:

1. Bauliche, mechanische und elektronische Sicherheitseinrichtungen

   Mechanische Sicherheitseinrichtungen wie Zäune, Fenster und Türen sowie elektronische, wie Gefahrenmeldeanlagen, werden immer wieder Thema der Prüfung sein.

2. Kommunikations-, Informations- und Dokumentationsmittel

   Kleines, aber relevantes Thema. Insbesondere das Thema Funk/Handy ist Dauerbrenner.

3. Löschmittel/Feuerlöschgeräte

   Wird gerne mit dem Thema „Brandschutz" in der Dienstkunde verbunden. Auch hier kann nur nochmals auf die Bedeutung der Brandklassenunterscheidung hingewiesen werden.

4. Feuerlöschanlagen

   Kleines Thema, in dem Grundkenntnisse ausreichen sollten, z. B. über Löschanlagen wie nasse/trockene Sprinkleranlagen.

3. Handlungsbereich „Sicherheits- und serviceorientiertes Verhalten und Handeln"

3.1. Situationsbeurteilung und -bewältigung

Dieser Bereich ist in vier Teile aufgeteilt:

1. Grundlagen des menschlichen Verhaltens

   Wie der Name schon sagt, ist hier Grundlagenwissen gefragt.

   Begriffe wie Motivation menschlichen Verhaltens sollten erklärt werden können.

2. Wirkung der eigenen Person

   Auch hier sollte ein Grundwissen über Begriffe wie Selbst-/Fremdwahrnehmung, Selbstbewusstsein/Selbstwertgefühl ausreichen.

3. Einwirkungsmöglichkeiten auf das Verhalten anderer

   Erwartet wird hier, dass eine Situationsanalyse vorgenommen werden kann, Ursachen von Fehlern im Verhalten wie Vorurteile bekannt sind und Verhaltensmuster bei verschiedenen Tätigkeiten der Bewachung überblickt werden.

4. Konfliktvorbeugung/Deeskalation

   Dieser Teil ist regelmäßig Thema von Prüfungsaufgaben.

   Das Entstehen von Konflikten (z.B. durch Frustration) und deren Folgen (z.B. Aggression), Konfliktbeherrschung und die Kenntnisse über Deeskalationstechniken darf daher nicht unbekannt sein.

3.2. Kommunikation

Der Bereich Kommunikation besteht aus drei Unterbereichen:

1. Möglichkeiten der Kommunikation

   Hier geht es um Grundlagenwissen wie z.B. verbale/nonverbale Kommunikation.

2. Kommunikationsformen und -mittel

   Hierbei handelt es sich um einen wichtigen Bereich, u.a. zum Thema Gesprächsführung und Befragung.

3. Situationsbezogenes Kommunizieren

   Kommunikation in allgemeinen (beispielsweise am Empfang) und besonderen Situationen (z.B. Unfall) ist sehr wichtig und sollte gut beherrscht werden.

3.3. Kunden- und Serviceorientierung

Die zwei Unterpunkte der Kunden- und Serviceorientierung, nämlich qualitätsorientierter Sicherheitsservice und Zusammenhänge zwischen Sicherheits- und Serviceverhalten sind in der Prüfung eher noch ein Randthema, auch wenn sie in der Praxis sehr wichtig sind.

Es ist aber damit zu rechnen, dass es in Zukunft eine größere Rolle spielen wird, wie auch das Thema Qualitätsmanagement.

3.4. Zusammenarbeit

Die Teilbereiche Zusammenarbeit in Teams und mit anderen Kräften, sowie Bewältigung von gemeinsamen Aufgaben durch Kommunikation und Kooperation bieten sich gut als ergänzende Fragen zu anderen Themen an, werden aber eher nicht Schwerpunkt einer Prüfung sein.

II. Vorbereitung auf die schriftliche Prüfung

Zwar sollten alle Themenbereiche gelernt und im Idealfall beherrscht werden, doch wird das auf Grund der Fülle des Stoffs und zeitlicher Einschränkungen durch Arbeit und Privatleben nicht immer möglich sein.

Dann bieten die vorgenannten Hinweise Anhaltspunkte, welche Bereiche des Stoffs wichtig sind und welche man vielleicht etwas vernachlässigen kann.

Trotzdem gilt: Jeder ist selbst verantwortlich, was und wie viel er lernt! Dieses Buch kann nur eine Hilfe bei der Auswahl sein.

Auf die Frage, wie man sich am besten auf die Prüfung vorbereitet, gibt es keine Musterantwort, da jeder Mensch anders lernt.

Ein Hilfsmittel, das vielen Teilnehmern hilft, ist ein Karteikartensystem. Klassisch wird hier mit Karteikarten aus Papier gearbeitet, inzwischen gibt es aber auch „digitale" Karteikarten, die mittels Cloud immer und überall verfügbar sind.

Das Verlagshaus Zitzmann bietet ein solches System an. Weitere Informationen finden Sie auf der Verlagshomepage.

Bringen Sie zur Prüfung mindestens zwei Stifte, ein Getränk und am besten zwei Uhren mit, falls eine ausfällt.

III. 10 Tipps für eine erfolgreiche Bearbeitung der schriftlichen Prüfung

Allgemein für die Bearbeitung der schriftlichen Prüfung gilt:

(1) Fragen genau lesen und nur beantworten, was gefragt ist!

Immer wieder passiert Folgendes:
Beispielsweise wird in einer Frage nach der Strafbarkeit des Täters gefragt und ein Prüfling erläutert eine halbe Seite lang, ob der Sicherheitsmitarbeiter den Täter festhalten durfte.

Hier wurde die Frage nicht (genau) gelesen und „einfach irgendwas" hingeschrieben, was aber mit der Fragestellung nichts zu tun hat.

Oder:
In einer Frage wird gefragt: „Bewerten Sie das Verhalten von X zivilrechtlich und viele Prüfungsteilnehmer schreiben in solchen Fällen ausführlich, was X strafrechtlich gemacht hat.

In beiden Fällen gibt es keine Punkte, da danach nicht gefragt war.

Ein weiteres Problem:
Es wird z. B. folgender Fall geschildert: X schlägt eine Scheibe ein und steigt in das Verwaltungsgebäude der Second-AG.

Frage: Erläutern Sie die Voraussetzungen der Sachbeschädigung, § 303 StGB.

Bevor Sie weiterlesen: Überlegen Sie sich, wie Sie geantwortet hätten.

Falsche Antwort: X begeht Sachbeschädigung, da er die Scheibe einschlägt.

Ganz falsche Antwort: X begeht durch das Eindringen einen Hausfriedensbruch.

Richtige Antwort: Voraussetzungen der Sachbeschädigung nach § 303 StGB sind, dass der Täter eine fremde Sache vorsätzlich beschädigt oder zerstört.

Hätten Sie so geantwortet?

(2) Ein weiteres großes Problem liegt darin, dass viele Teilnehmer nicht ausführlich genug antworten und dadurch viele Punkte verschenken.

Ein Fall lautet: X steigt über den Zaun der Röhren-AG, schlägt am Hauptgebäude ein Fenster ein und entwendet im Gebäude ein wertvolles Bild (12 Punkte).

Oft antworten Prüflinge im schriftlichen Teil nur so:

Hausfriedensbruch, Sachbeschädigung, (besonders schwerer Fall des) Diebstahl(s).

Auf diese Beantwortung gibt es aber nur 3 von 12 Punkten. Wenn man viele Fragen so beantwortet, verschenkt man wertvolle Punkte.

Wie man auf 12 statt 3 Punkte bei einer solchen Fragestellung kommt, wird unten ausführlich erläutert.

(3) Beachten Sie den Themenbereich, der in der konkreten Frage abgefragt wird.

Wenn in einer Fallfrage geschildert wird, dass es auf dem Betriebsgelände zu einem Unfall mit Verletzten gekommen ist, kann die Frage nach der Vorgehensweise sowohl aus dienstkundlicher, als auch aus psychologischer Sicht beantwortet werden. Ist nur nach dem dienstkundlichen Teil gefragt, sind psychologische Antworten wie: „dem Verletzten Mut zusprechen" nicht sinnvoll, da es keine Punkte gibt.

(4) Übersichtlichkeit/Verständlichkeit

Verwenden Sie für jede Frage eine neue Seite im Lösungsbogen.

So wird Ihre Lösung nicht nur übersichtlicher (der Korrektor wird es Ihnen danken), sondern Sie können auch noch später während der Prüfung Ergänzungen machen, ohne dass Sie mit lästigen Verweisen („Fortsetzung: letzte Seite) arbeiten müssen.

Lesen Sie jede Antwort zum Schluss noch mal durch und überprüfen sie auf ihren Sinn. Oft enden in Lösungen Sätze im Nichts.

Achten Sie auf Verständlichkeit Ihrer Lösungen. Vermeiden Sie daher Abkürzungen. Stichwortartige Aufzählungen sollten Sie nur verwenden, wenn so gefordert („Nennen Sie 5 Komponenten einer Gefahrenmeldeanlage").

(5) Schreiben Sie unbedingt leserlich!!!

Unlesbare Passagen werden nicht gewertet.

(6) Trennen Sie die Antworten, wenn es gefordert ist.

Lautet eine Frage z. B. „Erläutern Sie Ihre Vorgehensweise aus psychologischer und dienstkundlicher Sicht", dann müssen Sie in Ihrer Antwort unbedingt trennen:

d. psychologisch

e. dienstkundlich

Vermischen Sie nicht beide Bereiche!

(7) Beantwortung nach Punktezahl

Auch wenn es banal klingt: Orientieren Sie sich beim Umfang Ihrer Antworten an der Punktzahl, die es maximal für die Beantwortung der Frage gibt.

Wenn es auf eine Frage 12 Punkte gibt, langt es sicher nicht, drei Worte hinzuschreiben. Umgekehrt macht es keinen Sinn, zu einer Frage, die drei Punkte bringt, eine ganze Seite zu schreiben.

(8) Nichts in die Prüfung hineininterpretieren!

Wenn z. B. eine Frage lautet: A schlägt B, wie hat A sich strafbar gemacht, dann lautet die Antwort einfach: wegen § 223 StGB, Körperverletzung, er hat den B körperlich misshandelt, indem er ihn geschlagen hat. Rechtswidrigkeit und Schuld sind gegeben.

Falsch wäre es, wie folgt zu antworten:

Es liegt eine Körperverletzung vor, wenn B sich schwer verletzt hat, sogar eine schwere Körperverletzung, § 226 StGB. War A jedoch bei Begehung der Tat schuldunfähig, weil er unter 14 Jahre alt ist, bleibt er straffrei.

Für solche Interpretationen (B schwer verletzt, A unter 14 Jahre) gibt es keinerlei Hinweise! Lassen Sie die Finger davon!

Ist eine Fallkonstruktion unklar, fragen Sie die Aufsicht.

(9) Beachten Sie die Zeit

Viele Teilnehmer lassen sich am Anfang der Prüfung zu viel Zeit und werden dann nicht fertig. Sie müssen also die letzten Fragen ganz weg lassen oder bearbeiten diese nur sehr kurz.

Trainieren Sie vor der richtigen Prüfung mit Übungsklausuren und achten in der Prüfung auf die Zeit.

Faustregel:

Pro 33 Punkte haben Sie in der Prüfung 50 Minuten Zeit.

(10) Vermeiden Sie zwischen der ersten und der zweiten schriftlichen Prüfung Gespräche mit anderen Prüfungsteilnehmern.

Gerne wird in der kurzen Pause zwischen erster und zweiter Prüfung über die Fragen der erste diskutiert, wie: „Hast Du auch bei der 2. Frage gefährliche Körperverletzung geprüft?".

Vermeiden Sie solche Diskussionen, die Sie nur verwirren können. Die erste Prüfung ist vorbei, Sie können nichts mehr ändern. Also entspannen Sie sich alleine und konzentrieren sich dann auf die zweite.

IV. Bearbeitung der schriftlichen Prüfung

Im Folgenden wird dargestellt, wie man in allen Fächern möglichst die maximale Punktzahl erreicht.

1. Handlungsbereich „Rechts- und Aufgabenbezogenes Handeln"

1.1. Lösungsschemata Rechtskunde

Immer wieder werden in der schriftlichen Prüfung komplexe Sachverhalte rechtlich zu prüfen sein.

Dabei sind folgende Grundsätze zu beachten:

a. Wichtig dabei ist, dass man der Reihe nach die Fragen beantwortet.

Zwar kann man grundsätzlich auch eine andere Reihenfolge wählen, ist dann aber gegebenenfalls nicht mehr in der Lage, die einzelne Frage korrekt zu beantworten.

In Frage 1) wird die Frage gestellt, auf welcher rechtlichen Grundlage man einen Straftäter festhalten darf. Eine mögliche Antwort ist: § 127 StPO.
Wenn nun in Frage 2) erläutert wird, dass der eine Täter erst 12 Jahre alt ist, fällt § 127 StPO weg, da der 12-Jährige nicht schuldfähig ist.

Hier wäre es nun falsch, zur Schuldfähigkeit schon in Frage 1) Stellung zu nehmen, da das in Frage 1) noch gar nicht Gegenstand der Frage war.

Liest man aber Frage 2) schon mal vor, ehe man Frage 1) beantwortet, besteht die Gefahr, dass man deren Inhalt doch schon in Frage 1) berücksichtigt, was zum falschen Ergebnis führt.

b. Tatbestände müssen geprüft werden, um die volle Punktzahl zu erhalten.

Wie oben schon ausgeführt, müssen Tatbestände genau geprüft werden. Hier bietet sich folgende Reihenfolge an:

X schneidet den Zaun der Halb & Halb AG auf.

6. Nennung des Namens des Tatbestandes, der geprüft wird, hier: Sachbeschädigung, § 303 StGB / „Es könnte eine Sachbeschädigung vorliegen"
7. Nennung des Inhalts des Tatbestandes, hier: Beschädigen oder Zerstören einer fremden Sache mit Vorsatz
8. Anwendung auf den konkreten Fall, hier: „Dies liegt hier vor, da X den Zaun beschädigt hat".
9. Ergebnis: Sachbeschädigung ist gegeben.

Bearbeiten Sie alle rechtlichen Fälle nach diesem Muster, um die maximale Punktzahl zu erhalten.

c. Achten Sie schon beim Lesen der Frage auf Hinweise, die auf bestimmte Tatbestände hindeuten und notieren diese auf einem Blatt, damit sie bei der Bearbeitung nicht übersehen werden.

Grundsätzlich gilt: Jeder Satz in einer Frage hat eine Bedeutung.

Formulierung	Möglicher Tatbestand
Umzäuntes Gelände	Hausfriedensbruch, § 123 StGB
Beschädigt, Fenster eingeschlagen	Sachbeschädigung, § 303 StGB
Hält Täter fest	Freiheitsberaubung, § 239 StGB,
Aber ggfs.	vorläufige Festnahme,§ 127 StPO / Selbsthilfe, § 229 BGB
Entwendet	Diebstahl, § 242 StGB
Schlägt, tritt	Körperverletzungsdelikte, §§ 223 ff StGB
Unternimmt nichts gegen den Täter	Tun durch Unterlassen, § 13 StGB
X und Y	gemeinschaftlich, § 25 StGB
Bei Begehung erwischt	Versuch, §§ 22, 23 StGB

Ein beliebter Fehler ist es auch, einen Paragraphen zu nennen, aber die falsche Zahl dazu, also beispielsweise:

„Der Täter hat sich nach § 323 StGB, Sachbeschädigung strafbar gemacht." Richtig wäre § 303 StGB ...

Daher gilt: Wenn Sie sich mit einer Paragraphennummer nicht sicher sind, lassen Sie diese lieber weg.

1.2. Lösungsschemata Dienstkunde

Wird nach der dienstkundlichen Vorgehensweise gefragt, z.B. bei einem Einbruch, einem Verkehrsunfall, einer Evakuierung etc. sind folgende Punkte immer richtig:

- Sofort Meldung machen,
- auf eigene Sicherheit achten, wenn notwendig Kollegen zuziehen,
- zum Schluss einen Bericht schreiben.

Diese Basismaßnahmen sind nun mit dem konkreten Fall zu verbinden, z.B. bei einem Verkehrsunfall auf dem Betriebsgelände, Unfallstelle absperren, Verletzte versorgen, wenn notwendig Krankenwagen rufen, Unfallbeteiligte und Zeugen getrennt von einander befragen, Unfallskizze anfertigen ...

2. Handlungsbereich „Gefahrenabwehr sowie Einsatz von Schutz- und Sicherheitstechnik“

Auch hier gilt es, genau auf die Fragen einzugehen, um keine Punkte zu verschenken.

Wird beispielsweise eine Absicherung der „Außenhaut“ abgefragt, verbieten sich Antworten, die sich auf den Innenbereich beziehen.

2.1. Lösungsschemata Brandschutz und sonstige Notfallmaßnahmen

Hier gilt ebenfalls das unter 1.2. Gesagte, soweit die Vorgehensweisen in besonderen Situationen (Brandfall, Gebäuderäumung o. ä.) abgefragt werden.

2.2. Lösungsschemata Arbeits-, Gesundheits- und Umweltschutz

Da hier meist nur „allgemeine“ Fragen gestellt werden, ist ein solides Grundwissen ausreichend.

2.3. Lösungsschemata Einsatz von Schutz- und Sicherheitstechnik

Gerne wird hier nach dem Aufbau von Sicherheitstechnik gefragt (z. B. Gefahrenmeldeanlage/Zutrittskontrollsystem).

Hier empfiehlt es sich, „von außen nach innen“ vorzugehen, also z. B. bei einer Gefahrenmeldeanlage: Melder, Meldelinie, Zentrale ..., damit nichts vergessen wird.

V. Vorbereitung auf die mündliche Prüfung, Handlungsbereich „Sicherheits- und serviceorientiertes Verhalten und Handeln“

Auch die mündliche Prüfung erfordert eine spezielle Vorbereitung, da die Prüfungssituation eine ganz andere ist als im schriftlichen Teil.

Es wird nämlich nicht nur das fachliche Wissen abgefragt, auch das Auftreten spielt eine wichtige Rolle. So sollte angemessene Kleidung (Hemd, eventuell Jacket) selbstverständlich sein, um nicht gleich einen negativen ersten Eindruck auf die Prüfer zu machen.

Auch eine Begrüßung der Prüfer beim Betreten des Raums, eventuell sogar eine Begrüßung mit Handschlag, gehört dazu.

Da die mündliche Prüfung neben dem Fachgespräch auch einen Vortrag des Prüflings enthält, müssen Sie sich auch darauf vorbereiten.

Daher ist es wichtig, dass Sie den Vortrag wiederholt vor der Prüfung üben. Sprechen Sie vor Kollegen, vor Familienmitgliedern oder zur Not vor dem Spiegel.

Beachten Sie alle die unten unter 5.3. genannten Punkte, damit Sie diese in der richtigen Prüfung eingeübt haben.

Halten Sie mindestens fünf Probevorträge!

VI. Mündliche Prüfung

Die mündliche Prüfung besteht aus drei Teilen:

- Vorbereitung (ca. 15 Minuten): Der Prüfling erhält ein Thema, über das er dann einen Vortrag halten muss.
- Vortrag (ca. 5 – 7 Minuten): Der Prüfling hält den Vortrag, wird dabei von den Prüfern nicht unterbrochen.
- Fachgespräch: (ca. 15 Minuten): Der Prüfling wird zum Vortrag bzw. zu artverwandten Themen befragt.

Die genannten Zeiten können je nach prüfender IHK variieren, fragen Sie im Zweifel nach.

1. Die Vorbereitung

Wenn Ihnen Ihr Thema ausgehändigt worden ist, lesen Sie es zunächst ruhig durch. Keine Panik, wenn Ihnen nicht sofort 100 Dinge dazu einfallen.

Lesen Sie die Fragen genau durch!
Was wollen die Prüfer hören?

Beim zweiten Durchlesen machen Sie sich Notizen zum Text. Als nächstes bringen Sie die Notizen in eine sinnvolle Reihenfolge. Wählen Sie einen sinnvollen, systematischen Aufbau.

Hat die Fallfrage mehrere Teile, ist damit schon eine Unterteilung vorgegeben. Eine andere Unterteilung wäre z. B. vor / während / nach einem Ereignis.

Vermeiden Sie das Aufschreiben ganzer Sätze, notieren Sie nur Stichpunkte auf einem zur Verfügung gestellten Blatt.

Schreiben Sie groß und leserlich! Es ist peinlich, wenn Sie in der mündlichen Prüfung Ihre eigene Schrift nicht mehr lesen können.

Im folgenden Vortrag reicht es dann aus, kurz auf Ihr Blatt zu schauen.

2. Auftreten in der Prüfung

Auch wenn klar ist, dass eine gewisse Aufgeregtheit in einer Prüfung nicht vermeidbar ist, ist es wichtig, dass Sie in der mündlichen Prüfung selbstbewusst auftreten.

Nun ist es nicht jedermanns Sache, einen mündlichen Vortrag zu halten, noch dazu vor einer Prüfungskommission.

Das Ganze ist jedoch mit der entsprechenden Vorbereitung kein Problem.

3. Der Vortrag

Wie gesagt, ist auch das Auftreten von großer Bedeutung, soll der Prüfling doch nachweisen, dass er in der Lage ist, kompetent vor anderen Personen zu reden.

Wenn Sie den Prüfungsraum betreten, begrüßen Sie zunächst die Prüfer.

Nach einem „Guten Tag" beim Betreten, gehen Sie offen auf die Prüfer zu, geben ihnen die Hand und stellen sich vor. Sehen Sie den Prüfern dabei in die Augen!

- Gehen Sie nun an den Platz, an dem Sie den Vortrag halten sollen und stellen sich hin, wobei Sie darauf achten, fest mit beiden Füßen am Boden zu stehen.
- Behalten Sie diese Position den gesamten Vortrag bei, „tänzeln" Sie nicht, stellen Sie nicht ein Bein vor, dann wieder zurück, verlagern Sie nicht das Gewicht von einem zum anderen Bein.
- Stehen Sie gerade! Eine aufrechte Haltung signalisiert Selbstbewusstsein – den Prüfern und Ihnen selbst auch.
- Schauen Sie den Prüfern in die Augen! Blickkontakt ist sehr wichtig und zeugt ebenfalls von Selbstbewusstsein. Sehen Sie die Prüfer abwechselnd an, auch wenn diese Sie nicht ansehen.
- Reden Sie mit fester, lauter Stimme!
- Achten Sie auf Ihre Hände! Stecken Sie diese nicht in die Hosentaschen oder falten Sie hinter dem Rücken.
- Nehmen Sie Ihre Notizen in beide Hände und halten sie vor Ihren Bauchnabel.

Diese fünf Punkte (sicherer Stand, aufrechte Haltung, Blickkontakt, feste Stimme, Hände) sind ein Muss. Sie müssen das vorher trainieren!

Wenn Sie diese fünf Punkte verinnerlicht haben, können Sie noch zusätzlich folgende Punkte beachten:

- Betonen Sie Wichtiges, indem Sie es laut sagen, z.B. „der Grundsatz im Brandfall lautet: Melden – Retten – Bekämpfen"
- Noch besser ist die Wirkung, wenn Sie vorher zusätzlich eine kleine Pause machen: „Der Grundsatz im Brandfall lautet: (Pause) Melden – (Pause) Retten – (Pause) Bekämpfen"
- Viele Prüflinge haben Schwierigkeiten mit dem freien Reden und versuchen möglichst viel auf das Vorbereitungsblatt zu schreiben, was sie dann vorlesen. Tun Sie das nicht!
- Notieren Sie nur Stichworte und zwingen sich dadurch, frei zu reden. Probieren Sie es vorher aus, es funktioniert.
- Streuen Sie Beispiele aus der eigenen Tätigkeit in den Vortrag ein.

Setzen Sie bei Ihrem Vortrag Medien wie Flipchart, Tafel, Karten oder Folie ein. Verwenden Sie dabei maximal zwei Farben. Arbeiten Sie nur mit Schlagworten, schreiben Sie keine ganzen Sätze.

Und: Achten Sie auf die Schriftgröße und die Lesbarkeit!

Ein wichtiger Punkt zuletzt:
Fassen Sie am Ende Ihres Vortrages noch einmal kurz Ihre Erläuterungen zusammen. Das wirkt professionell und bringt Zeit, denn vergessen Sie nicht, Ihr Vortrag soll ja mindestens fünf Minuten dauern. Wird er zu kurz, fließt das in die Bewertung (negativ) ein.

4. Das Fachgespräch

Nach Beendigung des Vortrages folgt das Fachgespräch. In diesem werden die Prüfer nochmals auf den Vortrag eingehen und vertiefende Fragen stellen, bzw. auch darüber hinausgehende Punkte ansprechen.

Auch hier gilt: Demonstrieren Sie Selbstbewusstsein!

Die oben genannten fünf Punkte (sicherer Stand, aufrechte Haltung, Blickkontakt, feste Stimme, Hände) lassen sich auch hier universell einsetzen, selbst wenn Sie sitzen. Stellen Sie auch hier die Füße fest auf den Boden.

Beantworten Sie die gestellten Fragen ruhig und (nach Möglichkeit) ausführlich.

Achten Sie auf das Verhalten (z. B. Kopfnicken/-schütteln) und Andeutungen („Denken Sie mal an ... / Ist das wirklich so?") der Prüfer und gehen Sie darauf ein.

VII. Fragen zu den einzelnen Themenbereichen

Zunächst finden Sie hier 90 Einzelfragen sortiert nach den jeweiligen Gebieten, im Anschluss drei komplette Probeprüfungen, die Sie unter Prüfungsbedingungen (150 Minuten Zeit, keine Hilfsmittel, keine Störungen) bearbeiten sollten.

1. Rechtskunde

Frage 1

Erläutern Sie drei Voraussetzungen, die notwendig sind, um als Mitarbeiter einer Sicherheitsfirma arbeiten zu dürfen (6 Punkte).

Antwort

Frage 2

Erläutern Sie, welche zwei Rechtsarten Ihnen als Sicherheitsmitarbeiter grundsätzlich zur Verfügung stehen und nennen Sie je ein Beispiel (4 Punkte).

Antwort

Frage 3

Die Beachtung von Grundrechten spielt in der Sicherheitsbranche eine große Rolle.

Nennen Sie fünf Grundrechte, die Sie bei Ihrer Tätigkeit beachten müssen (5 Punkte).

Antwort

Frage 4

Ihr Kollege Müller meint, dass man generell als Bürger nicht das Recht habe, Gewalt anzuwenden, da ja schließlich das Gewaltmonopol des Staates gelte. Beurteilen Sie diese Aussage (4 Punkte).

Antwort

Frage 5

Erläutern Sie, unter welchen Voraussetzungen die Daten einer anderen Person nach der Datenschutz-Grundverordnung verarbeitet werden dürfen (3 Punkte)?

Antwort

Frage 6

Erläutern Sie acht Aspekte, die ein Dienstausweis nach § 18 BewachV beinhalten muss (8 Punkte).

Antwort

Frage 7

Sie sind bei der Einlasskontrolle zu einem Rockkonzert eingesetzt.

Nennen Sie fünf Grundrechte, die in dieser Situation eine Rolle spielen können (5 Punkte).

Antwort

Frage 8

Die Einbrecher Wollo und Witz schneiden in den Zaun der Pudels & Kern AG ein Loch und versuchen anschließend auf dem Gelände ein Tor zu einer Lagerhalle aufzubrechen.

Als die Sicherheitsmitarbeiter Lännert und Schälden beide vorläufig festnehmen wollen, schlagen und treten Wollo und Witz diese mehrfach.

Erläutern Sie das Verhalten von Wollo und Witz und die rechtlichen Folgen aus zivilrechtlicher Sicht (12 Punkte).

Antwort

Frage 9

Sicherheitsmitarbeiter Umsicht sieht während seines Dienstes durch ein Fenster, dass sich in einem verschlossenen Raum ein Heizlüfter, der versehentlich angelassen wurde, entzündet hat. Da er keinen Schlüssel hat, tritt er die Tür ein und kann einen Entstehungsbrand auf Grund eines Kurzschlusses gerade noch löschen, ehe der Brand auf das gesamte Gebäude übergegriffen und zu einem erheblich größeren Schaden geführt hätte.

Erläutern Sie aus zivilrechtlicher Sicht, ob das Verhalten des Umsicht gerechtfertigt war (6 Punkte).

Antwort

Frage 10

In einem für die Öffentlichkeit nicht zugänglichen Bereich treffen die Sicherheitsmitarbeiter Kurz und Trocken, denen das Hausrecht übertragen wurde, auf den Besucher Wirr. Als Wirr trotz mehrfacher Aufforderung den geschützten Bereich nicht verlassen will, schieben die Sicherheitsmitarbeiter ihn mit leichter Gewalt nach draußen.

Erläutern Sie anhand der einschlägigen rechtlichen Vorschriften, ob Kurz und Trocken dazu berechtigt waren (6 Punkte).

Antwort

Frage 11

Journalist Clever von der Zeitschrift „Frau im Koma" vermutet, dass die Firma „Umwelt 3000 AG" erheblich gegen Umweltschutzbestimmungen verstößt und will daher auf deren umzäunten Gelände recherchieren. Dem Sicherheitsmitarbeiter Lustlos am Empfang sagt er wahrheitswidrig, er habe ein Vorstellungsgespräch beim Personalchef. Dieser lässt Clever freiwillig rein.

Auf dem Firmengelände beginnt Clever sofort mit seinen Untersuchungen.

Als ihn Sicherheitsmitarbeiter Diensttreu stellt und auffordert, das Gelände zu verlassen, folgt Clever dieser Anweisung nicht und setzt seine Recherche fort.

a) Erläutern Sie, ob sich Clever schon strafbar gemacht hat, bevor er von Diensttreu gestellt wurde (5 Punkte).

b) Erläutern Sie, ob er sich strafbar gemacht hat, nachdem er von Diensttreu gestellt wurde (5 Punkte).

Antwort

Frage 12

Nach den Vorkommnissen von Frage 11 teilt die Firma „Umwelt 3000 AG" dem Clever schriftlich mit, dass er das Betriebsgelände in Zukunft nur noch mit schriftlicher Genehmigung der Vorstandes betreten darf.

Der Sicherheitsdienst erhält hierzu eine entsprechende Weisung.

Da Clever aber weiterhin glaubt, die Firma habe etwas zu verbergen, versucht er mit demselben Trick wie in Fall 11 nochmals auf das Gelände zu gelangen.

Sicherheitsmitarbeiter Lustlos am Empfang erkennt den Clever zwar, hat aber Angst, mit ihm diskutieren zu müssen, warum er ihn nicht hereinlassen will und lässt Clever passieren.

a) Erläutern Sie, wie sich Clever strafbar gemacht hat (5 Punkte).

b) Erläutern Sie, wie sich Lustlos strafbar gemacht hat (5 Punkte).

Antwort

Frage 13

Ladendetektiv Findig sieht, wie der ihm unbekannte Kunde Wiesel in einem Elektromarkt ein Tablet einsteckt und den Laden verlässt.

Erläutern Sie, welche Möglichkeiten Findig hier gegen Wiesel aus strafrechtlicher Sicht hat (10 Punkte).

Antwort

Frage 14

Am Empfang fragt Sie Kollege Meier, welche Rechte einem Betroffenen bei der Speicherung von Daten nach der Datenschutz-Grundverordnung zustehen.

Nennen Sie die vier Rechte (4 Punkte).

Antwort

Frage 15

Nach mehreren Einbruchsversuchen soll im Außenbereich der „Umwelt 3000 AG" eine Videoüberwachungsanlage installiert werden.

Erläutern Sie anhand von drei Aspekten, was dabei rechtlich zu beachten ist (6 Punkte).

Antwort

Frage 16

Nennen Sie sechs Voraussetzungen, um eine Waffenberechtigung zu erlangen (6 Punkte).

Antwort

Frage 17

Bei Arbeitsverträgen haben Arbeitgeber und Arbeitnehmer Pflichten.

Erläutern Sie für beide Seiten je eine Haupt- und eine Nebenpflicht (8 Punkte).

Antwort

Frage 18

In der „Umwelt 3000 AG" wurde eine Betriebsvereinbarung geschlossen.

Erläutern Sie, was eine Betriebsvereinbarung ist, wer sie wie abschließt, wie sie wirkt, wie sie bekannt gemacht werden muss und wie sie beendet werden kann (10 Punkte).

Antwort

Frage 19

Am Empfang der Umwelt 3000 AG bittet Sicherheitsmitarbeiter Diensttreu den Vertreter Wichtig, einen Besucherschein auszufüllen. Darauf erklärt Wichtig: *„Du Idiot hast mir hier gar nichts zu sagen. Entweder Du lässt mich jetzt rein oder es setzt ein paar Ohrfeigen“.*

Erläutern Sie das Verhalten von Wichtig aus strafrechtlicher Sicht (10 Punkte).

Antwort

Frage 20

Da Mitarbeiter Ganzschlau meint, dass nach Dienstschluss in der Firma nicht mehr kontrolliert wird, steckt er ein Tablet, das ihm zur Arbeit überlassen worden ist, in seine Tasche. Auf dem Weg nach draußen sieht er die Spendenkasse für den Geburtstag eines Kollegen und steckt den Inhalt (250 €) ebenfalls ein. Am Ausgang wird er von Sicherheitsmitarbeiter Aufpass gestellt.

Erläutern Sie, wie sich Ganzschlau strafbar gemacht hat (10 Punkte).

Antwort

Frage 21

Bei einem Rundgang stellt Sicherheitsmitarbeiter Diensttreu den Einbrecher Gnadenlos. Als Diensttreu ihn vorläufig festnehmen will, zieht Gnadenlos ein Messer und fügt Diensttreu am rechten Bein eine tiefe Fleischwunde zu, die später ohne bleibende Schäden verheilt.

Erläutern Sie, wie sich Gnadenlos strafbar gemacht hat (5 Punkte).

Antwort

Frage 22

Die Einbrecher Akten und Zeichen greifen gemeinsam den Sicherheitsmitarbeiter Kräftig an, dem beide unbekannt sind. Kräftig wehrt sich und verletzt dabei Akten leicht am Arm, worauf dieser flieht. Den Zeichen kann Kräftig festhalten und übergibt ihn der Polizei, die er nach Beendigung seines Rundgangs 30 Minuten später ruft.

Erläutern Sie, ob das Verhalten des Kräftig aus strafrechtlicher Sicht in Ordnung war (12 Punkte).

Antwort

2. Dienstkunde

Frage 23

Als geprüfte Schutz und Sicherheitskraft sind Sie Garant für die Gefahrenabwehr gegenüber Ihrem Auftraggeber / Kunden.

Erläutern Sie, anhand von je einem Beispiel die beiden zu unterscheidenden Gefahrenarten sowie die sich dadurch abzuleitenden Handlungsmaßnahmen für die Sicherheitsmitarbeiter (6 Punkte).

Antwort

Frage 24

Bevor eine neue Sicherheitskraft ihre gewerbsmäßige Tätigkeit aufnehmen darf, müssen die Verpflichtungen aus dem § 34a GewO erfüllt sein.

Nennen Sie drei weitere Voraussetzungen, welche vor dem ersten Einsatz einer Sicherheitskraft grundsätzlich erfüllt werden müssen (3 Punkte).

Antwort

Frage 25

Sie sind als geprüfte Schutz- und Sicherheitskraft im Tordienst eines metallverarbeitenden Betriebes eingesetzt. Ihre Aufgabe besteht in der Kontrolle der Zugangs- / Zufahrtsberechtigungen. Außerhalb der Kernarbeitszeit während einer Nachtschicht meldet sich eine Ihnen bis dahin unbekannte Person in einem PKW an der Einfahrt und verlangt um Öffnung der Schranke. Die Person teilt Ihnen mit, dass sie vom Gewerbeaufsichtsamt sei und eine betriebliche Kontrolle vornehmen muss.

Beschreiben Sie aus dienstkundlicher Sicht anhand von vier Nennungen Ihr weiteres Vorgehen (8 Punkte).

Antwort

Frage 26

In Ihrem Betrieb ist die Durchführung von Personen- und Fahrzeugkontrollen mittels Betriebsvereinbarungen für betriebseigene Beschäftigte geregelt. Die Auswahl der zu kontrollierenden Personen erfolgt nicht automatisiert.

a) Beschreiben Sie zehn wesentliche Durchführungsgrundsätze einer Personenkontrolle aus dienstkundlicher Sicht (10 Punkte).

b) Beschreiben Sie Ihre Vorgehensweise anhand von vier Aspekten, sollte ein verdächtiger Gegenstand gefunden werden (4 Punkte).

Antwort

Frage 27

Gemeinsam mit Ihrem Kollegen Claus sind Sie zur nächtlichen permanenten Absicherung eines größeren Parkhauses in der Innenstadt eingeteilt.

Um 20:30 Uhr meldet sich eine weibliche Person bei Ihnen und zeigt den Fund einer Geldbörse auf Parkdeck A an. Die gefundene Geldbörse führt die Dame mit sich und will diese nun an Sie übergeben.

Beschreiben Sie das korrekte Vorgehen in dieser Situation (6 Punkte).

Antwort

Frage 28

Mit Ihrem neuen Kollegen befinden Sie sich auf Streife in einem bewachten Objekt. Als geprüfte Schutz und Sicherheitskraft tragen Sie die Verantwortung während dieser Streife.

Beschreiben Sie Ihrem neuen Kollegen den grundsätzlichen Zweck einer Streife unter Nennung von zwei Aspekten (4 Punkte).

Antwort

Frage 29

Außerhalb der Anwesenheitszeiten Ihres Kunden sind Sie beauftragt Gebäudekontrollen durchzuführen. Das Ausmaß und der Umfang derartiger Kontrollen sind grundsätzlich Teil des Vertrages und durch Dienstanweisungen geregelt. Abweichend davon kann es vorkommen, dass die Durchführung einer Gebäudekontrolle durch das Sicherheitspersonal innerhalb eines Zeitrahmens frei zu koordinieren ist.

Erläutern Sie für diesen Fall ein sinnvolles chronologisches Vorgehen einer Gebäudekontrolle anhand von zehn Aspekten (10 Punkte).

Antwort

Frage 30

Ihr Kunde verlangt bei durch den Sicherheitsdienst getroffenen Feststellungen die Dokumentation der Ereignisse in Form einer schriftlichen Meldung. Neben dem reinen Text des zu beschreibenden Sachverhaltes unter der Nennung der sogenannten „7 goldenen W´s" runden weitere wesentliche Eckdaten die Form einer schriftlichen Meldung ab.

Nennen Sie vier weitere formelle Eckdaten einer vollständigen Meldung (4 Punkte).

Antwort

Frage 31

Während einem Kontrollgang stellen Sie an einem Gebäude eindeutige Einbruchspuren fest.

Beschreiben Sie das sinnvolle weitere Vorgehen in dieser Situation aus dienstkundlicher Sicht anhand von acht Aspekten (8 Punkte).

Antwort

Frage 32

Sie versehen als geprüfte Schutz- und Sicherheitskraft Ihren Dienst an einem Werktor. Die Behältnis- und Personenkontrolle der Belegschaft ist vertraglich geregelt und Teil Ihrer Aufgabe.

Eine auspassierende Person bitten Sie zur routinemäßigen Personenkontrolle in einen gesicherten Raum. Die Person kommt Ihrer Aufforderung nicht nach.

Begründen Sie unter der Nennung von sechs Aspekten Ihr weiteres Vorgehen aus dienstkundlicher Sicht (6 Punkte).

Antwort

Frage 33

Sie sind mit einer neuen Kollegin im Tordienst eingeteilt und dort mit dem Empfang der Besucher beauftragt.

Beschreiben Sie der neuen Kollegin allgemeinverbindlich den Prozess „Besucherempfang" anhand von 6 Aspekten (6 Punkte).

Antwort

Frage 34

Als geprüfte Schutz- und Sicherheitskraft arbeiten Sie im unternehmenseigenen Werkschutz. Unter anderem zählt das Kontrollieren von ein- und ausfahrenden Fahrzeugen an den Werktoren zu Ihren Aufgaben.

Vor einigen Tagen kam es bei einer Kontrolle eines ausfahrenden Fahrzeuges zu einem Arbeitsunfall bei dem einer Ihrer Kollegen verletzt wurde. Das zu kontrollierende Fahrzeug rollte unbeabsichtigt während der Kontrolle weiter und kollidierte mit dem Bein des Kollegen.

Um derartige Unfälle zu vermeiden werden Sie im Zuge einer bevorstehenden Sicherheitsunterweisung beauftragt, sich auf die Problematik und eventuellen Lösungsmöglichkeiten vorzubereiten.

Nennen Sie fünf Punkte, welche im Hinblick auf die Eigensicherung während einer Fahrzeugkontrolle beachtet werden sollten (5 Punkte).

Antwort

Frage 35

Gemeinsam mit Ihrer Kollegin versehen Sie als geprüfte Schutz- und Sicherheitskraft Ihren Dienst in einem großen Einkaufscenter mit unterschiedlichen Ladengeschäften und einem eigenen Parkhaus. In der Ladenstraße befinden sich in der Nähe der Treppenhäuser, welche zum Parkhaus führen Schließfächer für Kunden und Passanten. In den Schließfächern können besonders im Winter Jacken, aber auch Wertsachen und bereits getätigte Einkäufe gegen Münzeinwurf deponiert werden.

Während eines gemeinsamen Streifenganges im Einkaufscenter beobachten Sie zwei Jugendliche, die offensichtlich unberechtigt mit einem Gegenstand eine der Schließfachtüren aufhebeln und den Inhalt (eine Handtasche) an sich nehmen. Einer der beiden Ihnen unbekannten Personen versteckt das mutmaßliche Diebesgut unter seiner Jacke. Beide drehen sich mehrfach um und laufen zügig, ohne aber dabei zu rennen Richtung Ausgang.

Beschreiben Sie das angemessene weitere chronologische Vorgehen aus dienstkundlicher Sicht (8 Punkte).

Antwort

Frage 36

Sie sind als Schutz- und Sicherheitskraft im Werkschutz eines chemischen Unternehmens beschäftigt. Während eines Kontrollganges bemerken Sie eine männliche Person, welche in einem deutlich als „feuergefährdet" gekennzeichneten Bereich eine Zigarette raucht.

Beschreiben Sie Ihr weiteres Vorgehen aus dienstkundlicher Sicht (8 Punkte).

Antwort

Frage 37

Ein Bekannter von Ihnen hat erfahren, dass Sie als geprüfte Schutz- und Sicherheitskraft im Sicherheitsgewerbe tätig sind. Mit großem Interesse an dem Berufsfeld und der Absicht sich auch bei einer Bewachungsfirma zu bewerben, fragt Ihr Bekannter nach den Rechten und Kompetenzen einer Sicherheitskraft sowie der Abgrenzung zur Polizei.

Beschreiben Sie Ihrem Bekannten die wesentlichen dienstkundlich relevanten Elemente eines Sicherheitsdienstes / Werkschutzes (5 Punkte).

Antwort

Frage 38

Einer Ihrer Freunde will sich, wissend dass Sie im Sicherheitsgewerbe arbeiten, auch bei der Firma, für die Sie arbeiten, um eine Stelle als Sicherheitsmitarbeiter im Security-Bereich bewerben.

Nennen Sie Ihrem Freund vier Voraussetzungen, welche ein Sicherheitsdienstmitarbeiter erfüllen muss (4 Punkte).

Antwort

Frage 39

Sie sind mit mehreren Kollegen im Veranstaltungsschutz eingesetzt. Am heutigen Tag sichern Sie eine Musikveranstaltung in einer 2.000 Personen fassenden Veranstaltungshalle ab. Noch vor Veranstaltungsbeginn und Einlass der Gäste kontrollieren Sie den Veranstaltungsraum und die Flucht- und Rettungswege. Dabei stellen Sie fest, dass in einem Flur vor einer gekennzeichneten Fluchttür nicht benötigte Stühle gelagert werden.

Erläutern Sie Ihr weiteres Vorgehen aus dienstkundlicher Sicht (6 Punkte).

Antwort

Frage 40

Sie sind als Interventionskraft mit einem Firmenfahrzeug im Revierdienst unterwegs. Durch Ihre Notruf- und Serviceleitstelle werden Sie über Funk wegen einer Alarmauslösung zu einem Kundenobjekt gesendet.

Neben der vertraglich mit dem Kunden vereinbarten zeitlichen Vorgehensweise bei Interventionen bzw. Alarmverfolgungen gibt es weitere grundsätzlich zu beachtende Punkte während einer Alarmfahrt.

Beschreiben Sie fünf wesentliche Punkte, die Sie bei einer Interventionsfahrt beachten müssen (10 Punkte).

Antwort

Frage 41

Bei einem Verkehrsunfall auf einem privaten Werksgelände erfolgt die Unfallaufnahme grundsätzlich durch den Sicherheitsdienst. Bei Personenschäden sind die zuständigen Behörden zu informieren. Gemeinsam mit Ihrem Kollegen werden Sie als geprüfte Schutz- und Sicherheitskraft mit der Aufnahme eines Verkehrsunfalls innerhalb eines befriedeten Werksgeländes beauftragt.

Beschreiben Sie unter Nennung von acht Aspekten die chronologische Vorgehensweise einer Verkehrsunfallaufnahme (8 Punkte).

Antwort

Frage 42

Gemeinsam mit Ihrem Kollegen befinden Sie sich in einer innerstädtischen Fußgängerzone auf Citystreife. Eine offensichtlich stark alkoholisierte männliche Person belästigt lautstark Passanten. Nach Information Ihrer Zentrale sprechen Sie gemeinsam diese Person an.

Beschreiben Sie unter Nennung von acht Aspekten, worauf Sie im Folgenden im Sinne der Eigensicherung in dieser Situation achten (8 Punkte).

Antwort

3. Brandschutz und sonstige Notfallmaßnahmen

Frage 43

Der Betriebsschutz setzt sich aus mehreren Teilbereichen zusammen, in denen der Sicherheitsdienst zum Teil Aufgaben übernimmt. Ein Bereich davon ist der Brandschutz.

a. Nennen Sie die drei Bereiche, aus denen sich der vorbeugende Brandschutz zusammensetzt (3 Punkte).
b. Zählen Sie die Voraussetzungen auf, die notwendig sind, damit ein Verbrennungsvorgang entstehen kann (4 Punkte).
c. Nennen Sie die Phasen eines Brandverlaufs (Brandkenngrößen) (3 Punkte).
d. Beschreiben Sie die Funktion eines Frühwarnmelders (6 Punkte).

Antwort

Frage 44

Bei einem Kontrollgang am Tage stellen Sie eine Gruppe von Mitarbeitern in dem Bereich der Baustelle fest.

Beim Hinweis auf die fehlende Zutrittsberechtigung wird Ihnen mitgeteilt, dass es sich um den neuen Arbeitsplatz der vier Mitarbeiter handelt und diese sich weigern werden, den Arbeitsplatz zu beziehen, da das Labor mit einer Kohlendioxid-Raumlöschanlage ausgerüstet ist und man nicht wisse, wie diese funktioniert.

a. Beschreiben Sie die Funktionsweise einer stationären Kohlendioxidlöschanlage (7 Punkte).
b. Erklären Sie in diesem Zusammenhang den Begriff „Zweischleifenabhängigkeit" (3 Punkte).
c. Erläutern Sie den Begriff „Verbrennungsvorgang" (2 Punkte).
d. Beschreiben Sie den Unterschied zwischen einem Feuer und einem Brand (2 Punkte).
e. Nennen Sie drei Löscheffekte (3 Punkte).

Antwort

Frage 45

Bei Umgang mit Handfeuerlöschern sind einige grundlegende Grundsätze zu berücksichtigen, um einen effektiven Einsatz gewährleisten zu können.

Nennen Sie sieben Punkte, die beim Löschen zu beachten sind (7 Punkte).

Antwort

Frage 46

Bei einem Kontrollgang stellen Sie einen Brandausbruch im ersten Obergeschoss des Verwaltungsgebäudes fest.

Nennen Sie den Grundsatz im Brandfall, der in dieser Situation einzuhalten ist und erklären Sie diesen inhaltlich (10 Punkte).

Antwort

Frage 47

a. Erklären Sie den Aufbau und die Funktion einer Sprinkleranlage (7 Punkte).
b. Nennen Sie drei weitere Löschanlagen (3 Punkte).

Antwort

4. Arbeits-, Gesundheits- und Umweltschutz

Frage 48

Erläutern Sie vier Umweltschutzprinzipien (8 Punkte).

Antwort

Frage 49

Beschreiben Sie die fünf Arten von Sicherheitskennzeichnung nach der ASR A1.3 (10 Punkte).

Antwort

Frage 50

Sie sind im Tordienst eingesetzt, als ein Gefahrguttransport das Gelände verlassen möchte.

Nennen Sie acht Aspekte, die Sie kontrollieren (8 Punkte).

Antwort

Frage 51

Sie sind im Tordienst eingeteilt, als ein Gefahrguttransport mit folgender Warntafel in das bewachte Gelände einfahren will.

a. Beschreiben Sie, was die Zahl in der oberen Reihe bedeutet (2 Punkte)
b. Beschreiben Sie, was die Zahl in der unteren Reihe bedeutet (2 Punkte)

Antwort

5. Einsatz von Schutz- und Sicherheitstechnik

Gefahrenmeldetechnik

Frage 52

In einem Unternehmen werden Gefahrenmeldeanlagen (BMA und EMA) zur Überwachung einzelner Betriebsteile bzw. Büros zum Einsatz gebracht.

a. Eine GMA setzt sich aus mehreren Baugruppen (-elementen) zusammen. Eine davon ist die Meldezentrale, die auch oft als „Herz" einer GMA bezeichnet wird. Beschreiben Sie sieben Aufgaben, die eine Meldezentrale zu erfüllen hat (8 Punkte).
b. Nennen Sie sechs Informationen, die an der Meldezentrale abgelesen werden können (6 Punkte).
c. Eine weitere Baugruppe sind die Melder (Sensoren). Man unterscheidet hierbei zwischen aktiven und passiven Meldern.

   Erläutern Sie den Unterschied zwischen diesen Meldertypen und nennen Sie jeweils zwei Melder (8 Punkte).

Antwort

Frage 53

Sie befinden sich auf einem Kontrollgang und erhalten von Ihrer Sicherheitszentrale den Auftrag, bei einem Versuchslabor die Einbruchmeldeanlage „scharf" zu schalten. Der zuständige Mitarbeiter kann die Anlage nicht schalten.

a. Nennen Sie drei Möglichkeiten warum eine Scharfschaltung nicht möglich ist (3 Punkte).
b. Nennen Sie drei Möglichkeiten an denen der Zustand der Scharfschaltung erkennbar ist (3 Punkte).
c. Erläutern Sie den Begriff der „Zwangsläufigkeit" (3 Punkte).

Antwort

Frage 54

In dem von Ihrem Unternehmen bewachten Objekt wird eine Gefahrenmeldeanlage installiert.

a. Erklären Sie den Begriff Gefahrenmeldeanlage (GMA) (2 Punkte).
b. Nennen Sie drei Arten von Gefahrenmeldeanlagen (3 Punkte).
c. Nennen Sie jeweils vier Gefahrenmelder, die sich zur Überwachung von
   - Wandflächen, einschließlich Fenster und Türen, gegen Durchbruch,
   - Innenräumen von Gebäuden gegen unberechtigtes Betreten,
   - Objekten in Gebäuden gegen unberechtigtes Entfernen und
   - Außengelände gegen unberechtigtes Betreten

   eignen (je 4 Punkte).

Doppelnennungen sind zu vermeiden.

Antwort

Frage 55

In der Buchhaltung des Betriebes kommt eine Überfallmeldeanlage (ÜMA) zum Einsatz.

a. Erläutern Sie vier Anforderungen an eine ÜMA (8 Punkte).
b. Zählen Sie vier Überfallmelder auf (4 Punkte).

Antwort

Mechanische Sicherung

Frage 56

Der Sicherheitsdienst übernimmt oft Aufgaben im betrieblichen Schließwesen.

a. Nennen Sie vier wesentliche Aufgaben des betrieblichen Schließwesens (4 Punkte).
b. Nennen Sie vier Grundlagen (Grundelemente) des Schließwesens (4 Punkte).
c. Nennen Sie die vier Schlüsselarten, die den Kern einer Generalhauptschlüsselanlage bilden (4 Punkte).

Antwort

Frage 57

Zugangstüren weisen einige Schwachstellen auf.

a. Nennen Sie sechs mögliche Schwachstellen (6 Punkte).
b. Beschreiben Sie, wie diese Schwachstellen ertüchtigt werden können (4 Punkte).

Antwort

Frage 58

Schließanlagen werden in sogenannten Schließplänen dokumentiert.

Nennen Sie zwei Ziele, die damit erfüllt werden sollen (2 Punkte).

Antwort

Frage 59

Fenster in Erdgeschossen werden oft mechanisch gesichert. Beschreiben Sie drei Sicherungsmöglichkeiten (9 Punkte).

Antwort

Zutrittskontrollsystem

Frage 60

Zutrittskontrollsysteme (Zuko bzw. ZKS) gewährleisten in der Regel die Feststellung der Identität und Legitimität eines Ausweises.

a. Beschreiben Sie die Funktion eines Online-Zutrittskontrollsystems (4 Punkte).
b. Erläutern Sie den Unterschied zu einem Offline-Zutrittskontrollsystem (4 Punkte).
c. Nennen Sie vier Möglichkeiten, die neben der Feststellung der Legitimität des Ausweises auch die Feststellung der betreffenden Person zulassen (4 Punkte).

Antwort

Frage 61

a. Zählen Sie sechs Komponenten eines Zutrittskontrollsystems auf (6 Punkte).
b. Nennen Sie drei Vorteile eines Online-Zutrittskontrollsystems (3 Punkte).

Antwort

Funksysteme

Frage 62

In Ihrem Objekt sollen die Mitarbeiter mit Handfunkgeräten ausgerüstet werden. Bisher erfolgte die Kommunikation über Mobilfunkgeräte.

Zeigen Sie jeweils zwei Vor- und Nachteile der Kommunikationssysteme auf (8 Punkte).

Antwort

Frage 63

Beschreiben Sie fünf Vorteile einer digitalen gegenüber einer analogen Funkanlage (10 Punkte).

Antwort

6. Situationsbeurteilung

Frage 64

Bei Ihrer Tätigkeit im Empfangs- und Pfortendienst, Veranstaltungsschutz oder bei der Citystreife kommen Sie immer wieder in Kontakt mit Ihnen unbekannten Personen. In solchen Situationen müssen Sie sich immer einen „ersten Eindruck" von der Person machen.

a. Beschreiben Sie, wie lange man für den „ersten Eindruck" benötigt (2 Punkte).
b. Erläutern Sie fünf Aspekte, aus denen sich der „erste Eindruck" ergibt (5 Punkte).
c. Erläutern Sie, wieso der „erste Eindruck" so wichtig für Sie als Sicherheitsmitarbeiter ist (3 Punkte).

Antwort

Frage 65

Für Ihre Tätigkeit als geprüfte Schutz- und Sicherheitskraft ist eine gute Menschenkenntnis unabdingbar.

a. Erläutern Sie den Begriff Menschenkenntnis und warum diese gerade für Sicherheitsmitarbeiter wichtig ist (6 Punkte).
b. Erläutern Sie, wie man sich Menschenkenntnis aneignen kann (3 Punkte).

Antwort

Frage 66

Beim sicherheits- und serviceorientierten Verhalten und Handeln spielt die Psychologie eine wichtige Rolle.

Erläutern Sie den Begriff Psychologie (4 Punkte).

Antwort

Frage 67

Menschliches Verhalten kann verschiedene Grundlagen haben.

Nennen Sie die drei Strukturebenen, in die das menschliche Verhalten unterteilt wird (3 Punkte).

Antwort

Frage 68

Als Sicherheitsmitarbeiter müssenSie bei Ihrer täglichen Arbeit menschliches Verhalten beurteilen können sowie Tätermotive erkennen, um Ihr weiteres Handeln darauf abzustimmen. Hierbei kann die Bedürfnispyramide nach Abraham Maslow behilflich sein.

Erläutern sie den Aufbau der Maslowschen Bedürfnispyramide anhand einer Zeichnung und erläutern Sie die einzelnen Stufen mit konkreten Beispielen (10 Punkte).

Antwort

Frage 69

Ein gutes Selbstwertgefühl ist für jeden Sicherheitsmitarbeiter besonders wichtig bei der täglichen Arbeit im Umgang mit Menschen.

Erläutern Sie den Begriff „Selbstwertgefühl" und erklären Sie, aus welchen Bereichen es sich zusammensetzt (5 Punkte).

Antwort

Frage 70

Sicherheitsmitarbeiter sind manchmal Opfer von Vorurteilen.

Erläutern Sie, was Vorurteile sind und warum diese für Sie als Sicherheitsmitarbeiter auch eine Schutzfunktion haben können (6 Punkte).

Antwort

Frage 71

Bei Ihrer Tätigkeit im Sicherheitsdienst kann es immer wieder zu Konflikten kommen.

a. Erläutern Sie den Begriff „Konflikt“ (3 Punkte).
b. Nennen Sie fünf Beispiele, in welchen Tätigkeitsfeldern Ihrer Arbeit als Sicherheitsmitarbeiter es zu Konflikten kommen kann.

Antwort

Frage 72

Bei einer Einlasskontrolle zu einer Veranstaltung verweigern Sie einer Person den Zutritt, weil diese eine Glasflasche mit sich führt. Erläutern Sie, welches Gefühl die Person in dieser Situation haben wird (5 Punkte).

Antwort

Frage 73

Die Person aus Aufgabe 72 wird aggressiv.

a. Erläutern Sie den Begriff „Aggression" (3 Punkte).
b. Als die Person den Einlassbereich verlässt, tritt sie gegen ein geparktes Fahrzeug. Erläutern Sie, wie man dieses Verhalten im Zusammenhang mit dem Begriff Aggression nennt (2 Punkte).

Antwort

Frage 74

Im Themenfeld der Motivation spricht man auch von der extrinsischen und intrinsischen Motivation.

a. Was unterscheidet die extrinsische von der intrinsischen Motivation (4 Punkte)?
b. Was ist der Vorteil der intrinsischen Motivation (3 Punkte)?

Antwort

Frage 75

Selektive Wahrnehmung kann bei Ihrer Tätigkeit im Sicherheitsdienst gezielt bei diversen Aufgaben eingesetzt werden. Doch es birgt nicht nur Vorteile.

a. Was ist der Nachteil bei der selektiven Wahrnehmung (3 Punkte)?
b. Bei welchen Tätigkeiten im Sicherheitsdienst könnte die selektive Wahrnehmung ganz gezielt trainiert und eingesetzt werden (4 Punkte)?

Antwort

Frage 76

Nennen Sie zwei Konfliktarten und erklären Sie diese (6 Punkte).

Antwort

Frage 77

a. Bei Ihrer Tätigkeit im Sicherheitsdienst haben Sie auch Umgang mit anderen Nationen und deren Kulturen und dazu benötigen Sie interkulturelle Kompetenz. Was versteht man unter dem Begriff „interkulturelle Kompetenz" (3 Punkte)?
b. Wie kann man sich interkulturelle Kompetenz aneignen (3 Punkte)?

Antwort

7. Kommunikation

Handlungsbereich „Sicherheits- und serviceorientiertes Verhalten und Handeln"

Frage 78

In einer Teambesprechung bemängelt ein Mitarbeiter, dass es an der Kommunikation untereinander mangele.

a. Erläutern Sie den Begriff Kommunikation (3 Punkte).
b. Erläutern Sie, auf welchen beiden Ebenen Kommunikation abläuft (4 Punkte).
c. Erläutern Sie die Begriffe „verbale" und „nonverbale" Kommunikation" (4 Punkte).

Antwort

Frage 79

Bei einer Fahrzeugkontrolle an der Einfahrt zur Werk & Stoff AG sagt Fahrer Meier zum Sicherheitsmitarbeiter Müller: „Sie haben wohl auch nichts Besseres zu tun?".

Erläutern Sie diese Aussage anhand des Kommunikationsmodells „Vier Seiten einer Nachricht" von Schultz von Thun (8 Punkte).

Antwort

Frage 80

Kollege Schmidt hat in einer internen Weiterbildung gehört, dass der Leitspruch der Transaktionsanalyse lautet „Ich bin o. k. – du bist o. k."

Erläutern Sie ihm die Transaktionsanalyse und geben zu den zwei möglichen Transaktionen je ein Beispiel an (7 Punkte).

Antwort

Frage 81

Während eines Rundgangs sehen Sie, wie ein Mann in einer Feuerwehrzufahrt parkt und dann weggehen will. Auf Nachfrage erklärt er, er sei im Zeitdruck, da er ein Vorstellungsgespräch habe.

Erläutern Sie anhand von jeweils fünf Aspekten, was in einem Gespräch gesprächsfördernd und was gesprächshemmend ist (10 Punkte)?

Antwort

Frage 82

Bei Schadensereignissen kommt es immer wieder zur Befragung von Zeugen. Dabei kann mit geschlossenen und offenen Fragen gearbeitet werden. Erläutern Sie die Begriffe und geben Sie jeweils ein Beispiel (6 Punkte).

Antwort

Frage 83

Die Kommunikation innerhalb eines Betriebs erfolgt auf verschiedene Weise. Nennen sie sechs schriftliche Kommunikationsmittel/-kanäle (6 Punkte).

Antwort

Frage 84

Als Sicherheitsmitarbeiter repräsentiert man im Dienst sich selbst, den Arbeitgeber und/oder den Kunden. Hierbei ist es wichtig, stets einen gepflegten Eindruck zu hinterlassen.

Erläutern Sie anhand von fünf Aspekten, was alles zu einem gepflegten Erscheinungsbild gehört (10 Punkte)?

Antwort

Frage 85

Bei einem Rundgang treffen Sie auf eine Gruppe Jugendlicher, die unbefugt auf einem Parkplatz, der zum Kundebetrieb gehört, ein Lagerfeuer angezündet haben.

a. Erläutern Sie fünf Aspekte, die für das Verhalten Jugendlicher typische sind (10 Punkte).
b. Erläutern Sie Ihr weiteres Verhalten in Bezug auf den Umstand, dass es sich um Jugendliche handelt (8 Punkte).

Antwort

Frage 86

Bei einer Einlasskontrolle kommt es zu einem Konflikt, weil ein zu Kontrollierender den Sinn der Kontrolle nicht einsehen will.

Erläutern Sie fünf Aspekte, die bei der Kommunikation in Konfliktgesprächen beachtet werden sollten (10 Punkte).

Antwort

Frage 87

Nennen Sie zwei Kommunikationsfehler, die in der Kommunikation passieren können und erklären Sie diese (6 Punkte).

Antwort

Frage 88

In der Kommunikation wird zwischen drei Arten von Gesprächen unterschieden. Bitte nennen und erklären Sie diese drei Arten (9 Punkte).

Antwort

8. Kunden- und Serviceorientierung

Frage 89

Zur Vorbereitung auf ein Kundengespräch erhalten Sie von Ihrem Kollegen die Einschätzung, dass der Kunde „ganz speziell" und „auftragsbezogen" sei.

a. Erläutern Sie, was man unter einem auftragsbezogenen Kunden versteht. (4 Punkte)

b. Nennen Sie vier Unterteilungen von Kunden nach Haeske (4 Punkte).

Antwort

Frage 90

Als Schichtleiter sollen Sie einen neuen Mitarbeiter einweisen. Dieser kommt unrasiert, unausgeschlafen und mit zerknittertem Hemd zum Dienst. Seine Aussprache ist sehr undeutlich.

Erläutern Sie den Begriff des „ersten Eindrucks" und woraus sich dieser zusammensetzt (8 Punkte).

Antwort

Frage 91

Sie sind als Streife in einem Einkaufscenter eingesetzt und treffen dabei auf einen rauchenden Vater im Beisein seines Sohnes. Sie forden ihn auf, das Rauchverbot zu beachen, worauf es zu einem Konflikt kommt.

Erläutern Sie, wie Sie in der konkreten Situation vorgehen (6 Punkte).

Antwort

Frage 92

In einem Rundschreiben der Firmenleitung wird festgelegt, dass zukünftig großer Wert auf „Corparate Identity" gelegt werden soll.

Erläutern Sie, was der Begriff bedeutet und was damit für das Unternehmen erreicht werden soll (6 Punkte).

Antwort

9. Zusammenarbeit

Frage 93

In Ihrer Sicherheitsfirma kommt es zwischen verschiedenen Mitarbeitern immer wieder zu Konflikten.

Erläutern Sie vier Arten von Konflikten und nennen Sie zu jeder Art ein Beispiel (8 Punkte).

Antwort

Frage 94

Sicherheitsmitarbeiter arbeiten meist in Teams.

Erläutern Sie fünf Aspekte, die in einer solchen Kooperation zu beachten sind (10 Punkte).

Antwort

Frage 95

Sie sind mit einem Kollegen als Team auf Steife im Objekt unterwegs, wobei auch immer wieder Unbefugte angetroffen werden.

Erläutern Sie fünf Regeln, unter denen Teamarbeit im Einsatz stattfinden sollte (10 Punkte).

Antwort

Frage 96

Als Geprüfte Schutz- und Sicherheitskraft sollen Sie Teamleiter in der ständig besetzten Stelle werden.

Erläutern Sie fünf Aufgaben, die Sie in dieser Position haben (10 Punkte).

Antwort

VIII. Probeprüfungen

Hinweis

Für den bestmöglichen Trainingseffekt sollten Sie die drei kompletten Probeprüfungen unter Prüfungsbedingungen (150 Minuten Zeit, keine Hilfsmittel, keine Störungen) bearbeiten.

1. Probeprüfung (100 Punkte / 150 Minuten)

Sie sind als Schichtleiter für ein Unternehmen der Pharmazieindustrie eingesetzt.

Dieses Unternehmen ist aufgrund von vermeintlicher Schädigung der Umwelt in den Mittelpunkt der Medien geraten.

In der letzten Zeit finden Angriffe von außen statt. Der Kunde bittet Sie um Beratung bei der Erhöhung der Sicherheit.

Aufgabe 1

Bei der Vorgehensweise für die Planung von Sicherheitsmaßnahmen gibt es eine bestimmte Vorgehensweise.

Nennen Sie diese Vorgehensweise (4 Punkte).

Antwort

Aufgabe 2

Die Umfriedung des Geländes wird durch einen Sicherheitszaun gewährleistet. Nennen Sie fünf Anforderungen, die an einen solchen Sicherheitszaun gestellt werden (5 Punkte).

Antwort

Aufgabe 3

Erläutern Sie vier Aspekte, die bei der Planung bzw. bei der Errichtung der äußeren Umfriedung zu beachten sind (8 Punkte).

Antwort

Aufgabe 4

Zur technischen Überwachung der Umfriedung werden verschiedene Verfahren im Rahmen einer Gefahrenmeldeanlage eingesetzt.

Beschreiben Sie drei dieser technischen Möglichkeiten. Nennen Sie jeweils einen Vor- und Nachteil des dargestellten Systems (12 Punkte).

Antwort

Aufgabe 5

Ihr Kunde beabsichtigt, die Umfriedung lieber durch ein Kamerasystem überwachen zu lassen. Er möchte von Ihnen wissen, welche rechtlichen Aspekte dabei zu beachten sind.

a. Nennen Sie die rechtliche Grundlage, welche bei der Errichtung einer Kameraüberwachung zu beachten ist und welches geschützte Grundrecht betroffen ist (4 Punkte).
b. Erläutern Sie fünf Punkte, die bei dem Betrieb von Kameraüberwachungssystemen zu beachten sind (10 Punkte).
c. Zählen Sie die Komponenten einer ereignisbezogenen Videoüberwachung (Video-Sensor-System) auf (6 Punkte).

Antwort

Aufgabe 6

Sie informieren Ihre Mitarbeiter über die veränderte Sicherheitslage.

Bei Schichtbeginn weisen Sie die Mitarbeiter auf die Eigensicherung, gerade auch im Einsatzbereich des Kontrollgängers, hin.

a. Erläutern Sie, was unter dem Begriff „Eigensicherung" zu verstehen ist (2 Punkte).
b. Zählen Sie sechs Grundsätze auf, die bei der Eigensicherung zu beachten sind (6 Punkte).
c. Die Durchführung einer Objekt-/Gebäudekontrolle kann im Allgemeinen in drei Phasen eingeteilt werden. Erläutern Sie die drei Phasen (6 Punkte).

Antwort

Aufgabe 7

Während Ihres Dienstes erhalten Sie die Information, dass es am Empfang zu Schwierigkeiten kommt. Sie begeben sich dorthin. Dort angekommen finden Sie einen Medienvertreter vor, der Zugang zum Werk haben möchte und entschieden auf sein Recht bezüglich seiner „Pressefreiheit" hinweist. Ihr Mitarbeiter scheint mit dieser Situation überfordert zu sein.

a. Erklären Sie den Begriff der „Pressefreiheit" und wie diese begrenzt ist (2 Punkte).
b. Sie übernehmen den Empfang des Medienvertreters. Beschreiben Sie vier Punkte aus psychologischer Sicht, die Sie zu beachten haben (8 Punkte).
c. Erläutern Sie vier Grundsätze, die bei der Deeskalation, außer der Eigensicherung, zu beachten sind (8 Punkte).

Antwort

Aufgabe 8

Um möglichen Störmaßnahmen begegnen zu können, schlagen Sie vor, an bestimmten Stellen im Werk sogenannte „Notfalldepots" anzulegen. Diese Depots sollen auch mit Handfeuerlöschern ausgestattet sein.

a. Erläutern Sie, was man unter dem Begriff „vorbeugender Brandschutz" versteht und geben Sie je Bereich zwei Beispiele (9 Punkte).
b. Erklären Sie den Unterschied zwischen einen Dauerdruck- und einem Aufladehandfeuerlöscher (4 Punkte).
c. Nennen Sie sechs Aspekte, die bei der Nutzung eines Handfeuerlöschers im Brandfall zu beachten sind (6 Punkte).

Antwort

2. Probeprüfung (100 Punkte / 150 Minuten)

Sie sind Mitarbeiter der Sicherheitsfirma „Wuchtig Sicherheitsteam GmbH" und als Geprüfte Schutz- und Sicherheitskraft bei einem langjährigen Kunden eingesetzt.

Aufgabe 1

Im Betrieb gibt es mehrere Organisationseinheiten, aus denen sich der sogenannte „Betriebsschutz" (auch betriebliche Sicherheitsfunktionen genannt) zusammensetzt. Nennen Sie die fünf Teilbereiche (5 Punkte).

Antwort

Aufgabe 2

Um eine Verbindung zwischen den Sicherheitsmitarbeitern zu gewährleisten, wird als Kommunikationsmittel ein Betriebsfunksystem in Ihrem Objekt genutzt.

a. Erklären Sie, was sich hinter dem Begriff des „Bündelfunks" verbirgt (7 Punkte).
b. Die Funkgeräte des Betriebsfunks sind häufig mit Zusatzfunktionen ausgestattet. Eine davon ist die „Totmannschaltung". Beschreiben Sie die Funktion dieser Zusatzeinrichtung (7 Punkte).
c. In welchen Bereichen werden Funkgeräte mit Totmannschaltung zum Einsatz gebracht? Nennen Sie drei Bereiche (3 Punkte).

Antwort

Aufgabe 3

Bei einem Kontrollgang (am Tag) stellen Sie eine Gruppe von Mitarbeitern in einem Betriebsteil fest, in dem Umbaumaßnahmen stattfinden (Baustelle).

Beim Hinweis auf die fehlende Zutrittsberechtigung wird Ihnen mitgeteilt, dass es sich um den neuen Arbeitsplatz der vier Mitarbeiter handelt und diese sich weigern werden den zukünftigen Arbeitsplatz zu beziehen, da das Labor mit einer Kohlendioxid-Raumlöschanlage ausgerüstet ist und man nicht wisse, wie diese funktioniert.

a. Beschreiben Sie die Funktionsweise einer stationären Kohlendioxidlöschanlage (7 Punkte).
b. Erklären Sie in diesem Zusammenhang den Begriff der „Zweischleifenabhängigkeit" (2 Punkte).
c. Erläutern Sie, was man unter einem Verbrennungsvorgang versteht (2 Punkte).
d. Erläutern Sie den Unterschied zwischen Feuer und Brand (2 Punkte).
e. Nennen Sie drei Löscheffekte bei einer Verbrennung (3 Punkte).

Antwort

Aufgabe 4

Sie setzen Ihren Kontrollgang fort und wollen den Bereich des Farbenlagers kontrollieren.

Dort angekommen, treffen Sie zwei rauchende Mitarbeiter, welche die ausgeschilderten Hinweise auf das bestehende Rauchverbot nicht einhalten, an.

a. Erläutern Sie stichpunktartig Ihre Vorgehensweise. Beachten Sie dabei die Reihenfolge (10 Punkte)
b. Nennen Sie fünf Rechtsgrundlagen für Ihr Eingreifen (5 Punkte).
c. Durch welche Verhaltensweisen beugen Sie einer Eskalation der Situation vor? Nennen Sie sieben Aspekte (7 Punkte).

Antwort

Aufgabe 5

Als nächstes kontrollieren Sie den Firmenparkplatz. Dort befindet sich eine Drehtrommeltür. Über diese Tür wird der Einlass mittels automatischem Zutrittskontrollsystems realisiert. Dort treffen Sie 30 Mitarbeiter des Unternehmens an, die Sie lautstark auf eine Systemstörung aufmerksam machen.

a. Nennen Sie zwei rechtliche Voraussetzungen, die aus Sicht des Betriebsverfassungsgesetzes vor dem Einsatz von Zutrittskontrollanlagen beachtet werden müssen (2 Punkte).
b. Nennen Sie sechs mögliche Komponenten eines Online-Zutrittskontrollsystems (6 Punkte).
c. Erläutern Sie stichpunktartig Ihre Vorgehensweise bei technischem Ausfall des Gesamtsystems, von der Meldung der Störung bis zu ihrer Behebung (10 Punkte).

Antwort

Aufgabe 6

Vom Kontrollgang zurück, setzt Sie Ihr Einsatzleiter gemeinsam mit einem weiteren Sicherheitsmitarbeiter im Rahmen des innerbetrieblichen Ermittlungsdienstes ein. Sie sollen den Diebstahl einer Geldbörse aus dem Umkleidebereich der Damen bearbeiten. Dieser wurde soeben durch eine Mitarbeiterin angezeigt.

Erläutern Sie in Stichpunkten Ihr Vorgehen vom Eintreffen am Ereignisort bis zum Ende Ihrer Handlungen aus dienstkundlicher Sicht (6 Punkte).

Antwort

Aufgabe 7

Bei der Aufnahme des Vorfalls stellen Sie fest, dass an dem Schließzylinder des Umkleideschranks Manipulationshandlungen vorgenommen wurden. Der Schließzylinder ist Bestandteil des betrieblichen Schließsystems.

a. Erläutern Sie fünf Eigenschaften, die ein Schließzylinder erfüllen muss (10 Punkte).
b. Nennen Sie vier Schließanlagenarten (4 Punkte).

Antwort

3. Probeprüfung (100 Punkte / 150 Minuten)

In der Messehalle soll eine Sportveranstaltung stattfinden, zu der 20.000 Besucher erwartet werden, unter anderem rivalisierende Fangruppen. Die Halle ist komplett umzäunt und hat mehrere Eingangsbereiche.

An einem der Einlässe haben Sie die Aufgabe, zehn Einlassschleusen, die mit jeweils zwei Sicherheitsmitarbeitern besetzt sind, als Teamleiter zu überwachen.

Aufgabe 1

Erläutern Sie, welche rechtlichen Voraussetzungen die Mitarbeiter erfüllen müssen, um diese Aufgabe ausüben zu dürfen? Nennen Sie drei (3 Punkte).

Antwort

Aufgabe 2

An den Schleusen werden die Sicherheitsmitarbeiter jeweils zu zweit eingesetzt. Erläutern Sie zwei Aspekte, warum das sinnvoll ist (4 Punkte).

Antwort

Aufgabe 3

An Ihren Einlassschleusen ist auch ein Mitarbeiter dabei, der noch nie bei einer solch großen Veranstaltung tätig war.

Erläutern Sie, wie Sie gewährleisten, dass dieser Mitarbeiter seine Tätigkeit möglichst problemlos durchführen kann (5 Punkte).

Antwort

Aufgabe 4

Nennen Sie vier Ausrüstungsgegenstände, die Ihre Mitarbeiter während des Dienstes bei sich haben sollten (4 Punkte).

Antwort

Aufgabe 5

Vor Beginn des Einlasses sehen Sie, wie ein Besucher über den Zaun der Messehalle einsteigt, um sich den Eintritt zu sparen. Sie können ihn aufhalten und der Polizei übergeben.

Erläutern Sie das Verhalten der Person strafrechtlich (10 Punkte).

Antwort

Aufgabe 6

Beim Einlass werden Eintrittskarten mit „RFIDs" verwendet.

Erläutern Sie den Aufbau eines Zutrittskontrollsystems (7 Punkte).

Antwort

Aufgabe 7

Nach Beginn des Einlasses kommt es an einer der Einlassschleusen zu einem Konflikt, weil die Sicherheitmitarbeiter Hinz und Kunz einem Gast den Zutritt verweigern, der einen Regenschirm mit hinein nehmen will, was vom Veranstalter aber untersagt wurde. Der Gast wird aggressiv, weil er nicht weiß, was er mit dem Schirm machen soll.

Stellen Sie dar, wie diese Situation deeskaliert werden kann (8 Punkte).

Antwort

Aufgabe 8

Bei einem anderen Besucher werden beim Abtasten an der Schleuse ein Wurfstern und ein Totschläger gefunden. Der Besucher zuckt mit den Achseln und sagt: „Ich hole mir das Zeug nach der Veranstaltung wieder ab".

Erläutern Sie die rechtlich korrekte Vorgehensweise (8 Punkte).

Antwort

Aufgabe 9

Nachdem der Einlass abgeschlossen ist, sehen Sie wie eine offensichtlich unbefugte Person die Umkleidezone betritt und aus einem Schrank Wertgegenstände an sich nimmt.

a. Erläutern Sie das Verhalten der Person aus strafrechtlicher Sicht (5 Punkte).
b. Erläutern Sie, wie sich die Person strafbar machen würde, wenn ihr die Gegenstände zur Aufbewahrung überlassen worden wären und sie die Gegenstände nun für sich behalten will (5 Punkte).

Antwort

Aufgabe 10

Bei großen Veranstaltungen besteht immer die Gefahr, dass es zu Paniksituationen kommt.

a. Erläutern Sie den Begriff „Panik" (3 Punkte).
b. Erläutern Sie fünf Maßnahmen, um den Ausbruch einer Panik zu verhindern (10 Punkte).

Antwort

Aufgabe 11

Während der Veranstaltung springt ein Flitzer über die Absperrung und läuft auf einen der Spitzensportler zu. Kurz bevor er diesen erreicht, können ihn zwei Sicherheitsmitarbeiter aufhalten. Um sich zu befreien, tritt er einem der Sicherheitsmitarbeiter gegen das Bein und versucht wegzulaufen.

Zudem ruft er: *„Ihr Idioten, lasst mich los"*.

a. Beurteilen Sie das Verhalten des Flitzers rechtlich (10 Punkte).
b. Erläutern Sie die Aussage des Flitzers anhand des Kommunikationsmodells „die vier Seiten einer Nachricht" nach Schultz von Thun (8 Punkte).
c. Erstellen Sie über den Vorfall einen Bericht (10 Punkte).

Antwort

IX. Lösungen zu allen Fragen und Probeprüfungen

Antworten zu den einzelnen Themenbereichen

1. Rechtskunde

Antwort 1

- Zuverlässigkeit (keine Eintragungen im behördlichen Führungszeugnis)
- Unterrichtungsnachweis einer IHK nach § 34a GewO (40 h) oder Sachkundeprüfung
- Volljährigkeit

Antwort 2

- Jedermannsrechte (z. B. Notwehr, rechtfertigender Notstand etc.)
- Übertragene Besitzdienerrechte (z. B. Hausrecht, Selbsthilfe des Besitzdieners)

Antwort 3

z. B.

- Menschenwürde
- Recht auf Freiheit
- Körperliche Unversehrtheit
- Gleichheit
- Unverletzlichkeit d. Wohnung
- Recht auf Eigentum

Antwort 4

Das Gewaltmonopol des Staates besagt, dass grundsätzlich nur der Staat Gewalt anwenden darf. Ein Bürger darf jedoch im Rahmen der Jedermannsrechte in Notsituationen wie Notwehr selbst Gewalt anwenden.

Antwort 5

z. B. wenn

- die Person schriftlich zustimmt
- die Verarbeitung für die Erfüllung eines Vertrages erforderlich ist,
- die Verarbeitung notwendig ist, um lebenswichtige Interessen der Person zu schützen.

Antwort 6

- Name, Vorname
- Name und Anschrift des Gewerbebetreibenden
- Unterschrift der Wachperson und eines Vorgesetzten
- Bewacherregisteridentifikationsnummer der Wachperson und des Bewachungsunternehmens

Antwort 7

- Art. 1 GG: Menschenwürde
- Art. 2 GG:
  Allgemeine Handlungsfreiheit (freie Entfaltung der Persönlichkeit)
  Recht auf körperliche Unversehrtheit
  Recht auf Freiheit der Person
- Art. 3 GG: Gleichbehandlungsgrundsatz
- Art. 13 GG: Unverletzlichkeit der Wohnung (Hausrecht)
- Art. 14 GG: Eigentum

Antwort 8

Wollo und Witz begehen eine verbotene Eigenmacht, § 858 BGB durch Besitzstörung (unbefugter Aufenthalt auf dem Gelände der Pudels & Kern AG).

Zudem sind beide schadensersatzpflichtig nach § 823 BGB, weil sie einem anderen vorsätzlich einen Schaden zugefügt haben (Zaun beschädigt / Sicherheitsmitarbeiter geschlagen und getreten).

Antwort 9

Umsicht durfte nach § 904 BGB, angreifender Notstand, die Tür eintreten, da der durch den Brand drohende Schaden sehr viel höher gewesen wäre, als der von ihm an der Tür angerichtete Schaden.

Antwort 10

Kurz und Trocken wurde als Besitzdiener das Hausrecht übertragen. Da Wirr hier eine verbotene Eigenmacht begeht (Besitzstörung, da er das Gebäude nicht freiwillig verlassen will), dürfen die Sicherheitsmitarbeiter im Rahmen der Selbsthilfe des Besitzdieners, §§ 859, 860 BGB, gegen die verbotene Eigenmacht mit leichter Gewalt vorgehen, um die Besitzstörung zu beenden.

Antwort 11

zu a) Hausfriedensbruch, § 123 StGB, ein „Eindringen" liegt nicht vor, da kein widerrechtliches Eindringen stattgefunden hat (er ist auf dem richtigen Weg mit Erlaubnis hineingelangt).

„Verweilen trotz Aufforderung" liegt ebenfalls nicht vor, da ihn keiner zum Verlassen des Geländes aufgefordert hat.

zu b) Hausfriedensbruch, §123 StGB, liegt jetzt vor, da Clever trotz Aufforderung des Berechtigten Diensttreu das Gelände nicht verlässt. Hausfriedensbruch ist ein Antragsdelikt.

Rechtswidrigkeit und Schuld sind gegeben.

Antwort 12

zu a) Hausfriedensbruch, § 123 StGB, da widerrechtliches Eindringen vorliegt, weil Clever ohne schriftliche Genehmigung das Gelände betreten hat. Antragsdelikt.

Rechtswidrigkeit und Schuld sind gegeben.

zu b) Hausfriedensbruch durch Unterlassen, §§ 123, 13 StGB, da Lustlos die Garantenstellung aus Vertrag und Garantenpflicht gehabt hätte, den Clever am Eindringen zu hindern. Antragsdelikt.

Rechtswidrigkeit und Schuld sind gegeben.

Antwort 13

Er darf zum einen den Wiesel vorläufig festnehmen, § 127 StPO, da er ihn auf frischer Tat betrifft (Verlassen des Ladens) und Wiesel unbekannt ist.

Zudem darf er den Wiesel im Rahmen der Notwehr / Nothilfe, § 32 StGB daran hindern, mit der Beute den Laden zu verlassen, da ein gegenwärtiger, rechtswidriger Angriff auf das Eigentum des Ladens (Tablet) vorliegt.

Antwort 14

z. B.
- Auskunftsrecht
- Recht auf Berichtigung
- Recht auf Löschung
- Widerspruchsrecht

Antwort 15

- Die Videoüberwachung muss vorher angekündigt werden (Schild).
- Es darf kein Interesse der Betroffenen überwiegen (keine Überwachung von Toiletten o.ä.).
- Es muss ein Grund vorliegen, z. B. Überwachung der Einhaltung des Hausrechts.

Antwort 16

- Volljährigkeit
- Zuverlässigkeit
- Persönliche Eignung
- Waffensachkundeprüfung
- Haftpflichtversicherung
- Bedürfnis
- Nachweis, dass ein zugelassener Waffenschrank vorhanden ist.

Antwort 17

Der Arbeitgeber hat die Hauptpflicht, Entgelt zu bezahlen und Arbeit zu geben. Eine Nebenpflicht ist z. B. das Stellen von Schutzausrüstung.

Der Arbeitnehmer hat die Hauptpflicht persönlich nach Anweisung des Arbeitgebers zu arbeiten. Eine Nebenpflicht ist die Geheimhaltungspflicht.

Antwort 18

Eine Betriebsvereinbarung ist ein gemeinsamer Beschluss von Arbeitgeber und Betriebsrat zur Regelung betrieblicher Angelegenheiten, die schriftlich niederzulegen und von beiden Parteien zu unterzeichnen ist.

Sie gilt unmittelbar und zwingend für alle Arbeitnehmer.

Sie ist an geeigneter Stelle im Betrieb auszulegen und ist, soweit nichts anderes vereinbart ist, mit einer Frist von drei Monaten kündbar.

Antwort 19

- § 185 StGB, Beleidigung, setzt die Kundgabe der Nicht- oder Missachtung voraus. Das liegt hier vor, da Wichtig den Diensttreu einen Idioten nennt. Antragsdelikt.
- § 240 StGB, Nötigung, setzt voraus, dass der Täter das Opfer mit Gewalt oder durch Drohung mit einem empfindlichen Übel zu einer Handlung, Duldung oder Unterlassung nötigt. Zudem muss die Verwerflichkeit der Tat gegeben sein. Das ist hier gegeben, da Wichtig dem Diensttreu droht, ihn zu schlagen, wenn Diensttreu ihn nicht reinlässt. Das ist auch verwerflich. Rechtswidrigkeit und Schuld sind gegeben.

Antwort 20

- § 246 StGB, Unterschlagung, begeht, wer sich eine fremde, bewegliche Sache zueignet. Dies ist hier gegeben, da Ganzschlau das Tablet, das ihm überlassen worden ist, einsteckt und mitnimmt.
- § 242 StGB, Diebstahl, begeht, wer eine fremde, bewegliche Sache in Zueignungsabsicht wegnimmt. Dies liegt hier vor, da Ganzschlau das Geld aus der Spendenkasse an sich nimmt.
- Rechtswidrigkeit und Schuld sind jeweils gegeben.

Hinweis:

Durch das Einstecken sind die Taten vollendet. Wird jedoch begründet, dass hier nur Versuche, § 22, 23 StGB vorliegen, da Ganzschlau von Aufpass gestellt wurde, so ist das auch in Ordnung.

Antwort 21

Eine gefährliche Körperverletzung, § 224 StGB, setzt voraus, dass der Täter das Opfer mit einer Waffe körperlich misshandelt hat.

Das ist hier gegeben, da Gnadenlos den Diensttreu mit einem Messer am Bein verletzt.

Rechtswidrigkeit und Schuld sind gegeben.

Antwort 22

Verletzung von Akten:

Kräftig begeht eine Körperverletzung (körperliche Misshandlung), § 223 StGB, gegenüber Akten, sein Verhalten ist aber durch Notwehr, § 32 StGB gerechtfertigt.

Es lag ein gegenwärtiger, rechtswidriger Angriff von Akten vor, die leichte Verletzung war auch erforderlich und geboten.

Festhalten von Zeichen:

Durch das Festhalten begeht Kräftig eine Freiheitsberaubung (auf sonstige Weise der Freiheit berauben), § 239 StGB.

Zwar hatte Kräftig ein Festnahmerecht, § 127 StPO, vorläufige Festnahme, da er Zeichen auf frischer Tat betroffen hatte und dessen Identität nicht sofort feststellbar war.

Er hätte jedoch sofort die Polizei rufen müssen.

Kräftig beging daher eine Freiheitsberaubung, die Tat war auch rechtswidrig und schuldhaft.

2. Dienstkunde

Antwort 23

Gefahren für den Kunden können von Menschen, Sachen und oder Ereignissen ausgehen. Je nachdem, wie zeitnah einer Gefahr begegnet werden muss, werden konkrete (erlauben in der Bearbeitung keinen zeitlichen Verzug) von abstrakten Gefahren (hypothetische Gefahren erlauben nach Erkennen einen zeitlichen Bearbeitungsspielraum) unterschieden.

Konkrete Gefahr:

Bei einem Streifengang in einem Gebäude stellt der Sicherheitsmitarbeiter A fest, dass eine Kaffeemaschine nicht ausgeschaltet wurde. Die Heizplatte schmort/dampft bereits und ein neben der Kaffeemaschine befindliches Küchentuch weist braune Brandflecken auf. Im Raum der Kaffeemaschine riecht es angebrannt. Der Sicherheitsmitarbeiter A schaltet die Kaffeemaschine umgehend aus und löscht das Küchentuch.

Das Handeln des A erlaubte keinen zeitlichen Verzug – die Gefahr war konkret.

Abstrakte Gefahr:

Bei einer nächtlichen Gebäudekontrolle stellt die Sicherheitsmitarbeiterin B fest, dass an einem der fünf im Gebäude platzierten Handfeuerlöscher das Prüfdatum um zwei Tage überschritten ist. Die Sicherheitsmitarbeiterin vermerkt den Zustand und hinterlässt für die Verantwortlichen eine entsprechende Nachricht. Eine Meldung wird im Nachgang erstellt. Bei der nächsten Tagschicht spricht sie die Verantwortlichen nochmals an.

Diese Gefahr ist abstrakt, es ist aufgrund des Sachverhaltes davon auszugehen, dass die betroffenen Handlöscher noch funktionstauglich sind. Ein zeitnahes Austauschen ist ausreichend.

Antwort 24

- Ggf. Tragen einer Dienstkleidung nach § 19 BewachV
- Erhalt einer Dienstanweisung nach § 17 BewachV
- Mitführen eines Dienstausweises nach § 18 BewachV
- Kenntnis über die DGUV 23
- Erhalt einer Objekteinweisung

Antwort 25

Das Vorgehen sollte sich auf eine vorliegende Dienstanweisung stützen. Das weitere Vorgehen lässt sich allgemein wie folgt beschreiben: Auch ein Vertreter der Gewerbeaufsicht muss sich ausweisen, der Dienstausweis muss vor allen weiteren Schritten vorgezeigt werden. Für zuständige Mitarbeiter des Gewerbeamtes ergibt sich ein Sonderzugangsrecht. Aus diesem Grund muss der Zutritt/die Zufahrt gewährt werden. Aus taktischer Sicht ist es sinnvoll eine Begleitung anzubieten. Parallel ist eine Meldung/Info an die Notruf- und Serviceleitstelle abzusetzen. Je nach betrieblichen Vorgaben ist der/ein Bereitschaftsdienst zu informieren. Streife im Werk verständigen und zur Unterstützung in den betroffenen Betriebsteil senden. Den Ansprechpartnern im betroffenen Betrieb sollte Unterstützung angeboten werden. Final gilt es eine schriftliche Meldung zu verfassen.

Antwort 26

a)

- Den zu Kontrollierenden höflich aber bestimmend zur Kontrolle auffordern (Beispiel: Eine Kontrolle bitte, oder darf ich Sie zur Kontrolle bitten).
- Keine Willkür bei der Kontrollauswahl.
- Auch darf dem zu Kontrollierenden nicht das Gefühl der Schikane gegeben werden.
- Das Ehr- und Schamgefühl (Menschenwürde) darf nicht verletzt werden. Während der gesamten Kontrolle ist die Sie-Form zu wahren.

- Willigt die Person der Kontrolle nicht ein, so ist der Person ein anderer Kontrolleur, ggf. Vorgesetzte anzubieten.
- Gegebenenfalls kann auch eine Person des Vertrauens angeboten werden.
- Willigt die Person weiterhin nicht ein, so ist die Kontrolle abzubrechen.
- Die Kontrolle (präventiv) darf nicht erzwungen werden.
- Die Person kann das Werk verlassen.
- Die Daten (Personalnummer und Name) werden gesichert und in einer Meldung vermerkt.
- Die Kontrolle findet grundsätzlich in einem von außen nicht einsehbaren Raum statt.
- Vor Betreten des Kontrollraumes übernimmt der Werkschutzmitarbeiter/in den Werksausweis des zu Kontrollierenden. Der Ausweis bleibt bis zur Beendigung der Kontrolle beim Kontrolleur.
- Es dürfen grundsätzlich nur gleichgeschlechtliche Kontrollen durchgeführt werden.
- Die Kontrolle darf nicht ungebührlich in die Länge gezogen werden.
- Ergibt die Kontrolle keine Unregelmäßigkeiten so ist die Kontrolle in angemessenem Zeitrahmen zu beenden.
- In jedem Fall ist mit Kontrollende die kontrollierte Person höflichst zu verabschieden.

b)

- Werden Gegenstände gefunden, so ist zuerst nach einer Legitimation, z. B. „Ausgangsschein“, zu fragen.
- Verdächtigungsbekundungen durch den Sicherheitsdienst sind zu unterlassen.
- Sollte kein Ausgangsbeleg vorgelegt werden können, so ist nach den rechtlichen Grundlagen – bzw. den betrieblichen Vorgaben zu handeln (z. B. Sicherstellung des Gegenstandes).
- Handelt es sich um einen verbotenen Gegenstand bei einer Eingangskontrolle, so ist entsprechend den betrieblichen Vorgaben zu verfahren (ggf. geeignetes Deponieren).
- Meldung über den Sachverhalt erstellen.

Antwort 27

Das Vorgehen im Umgang mit Fundgegenständen ist im Bürgerlichen Gesetzbuch (BGB) geregelt.

Grundsätzlich empfiehlt sich folgende Vorgehensweise:

- Verhalten und Vorgehen nach Vorgaben aus der jeweiligen Dienstanweisung. Verwenden eines geeigneten Vordrucks als Fundmeldung.
- Die Auflistung/Beschreibung des Fundgegenstandes sollte grundsätzlich im Beisein des Finders oder eines vergleichbaren Zeugens erfolgen.
- Die Fundmeldung nach Möglichkeit vom Finder und Sicherheitspersonal unterschreiben lassen.
- Bei Geldwerten muss die genaue Stückelung aufgelistet werden. Fundgegenstände dürfen grundsätzlich nicht verändert werden.
- Empfehlenswert ist ein geeigneter Aushang über den Fund z. B. am betrieblichen „schwarzen Brett".
- Für die Aufbewahrungsplichten gelten die Regeln aus dem BGB.
- Aushändigung nur an identifizieren Eigentümer nach Erstellung einer Übergabemeldung.
- Nachhaltige Ablage/Archivierung der Fundmeldung

Antwort 28

Die Streife dient in erster Linie der Prävention zur Einhaltung von Sicherheit und Ordnung im Streifenbereich. Durch Kenntnisse des „Soll-Zustandes" können Abweichungen im „Ist-Zustand" zeitnah erkannt und geeignete Maßnahmen eingeleitet werden.

Antwort 29

Grundsätzlich ist bei jeder Kontrolle Routine der Feind der Eigensicherung. Aus diesem Grund sollte bei jeder Kontrolle die Eigensicherung besonders beachtet und mit unplanmäßigen Gefahren/Situation gerechnet werden.

Das Mitführen und Nutzen der persönlichen Schutzausrüstung ist daher unerlässlich. Voraussetzungen für die Durchführung einer Gebäudekontrolle sind Objektkenntnisse sowie das Mitführen der notwendigen relevanten Hilfsmitteln (Pläne/ Schlüssel). Vor Kontrollbeginn muss die Kontrolle bei der Notruf- und Service-Leitstelle angezeigt werden. Anschließend sollte mit der Durchführung einer Außenhautkontrolle (Verschluss Türen/Fenster – Einbruchspuren?) am Objekt begonnen werden. Das Gebäude wird über einen festgelegten Zugang betreten, dabei sollten, wie auch im gesamten Gebäude, die Beleuchtungsmöglichkeiten ausgenutzt werden. Im Anschluss wird eine/die verbaute GMA kontrolliert. Nachgelagert folgt die Überprüfung – wenn vorhanden – der Kellerräume (ggf. Wasserschäden/Energieversorgung). Kontrolle im Anschluss des Dachgeschosses (hier ggf. Klimatechnik). Folgend das Gebäude von oben nach unten kontrollieren. Bekannte Gefahrenstellen gezielt kontrollieren (z. B. Lagerräume/Sozialräume). Nach Möglichkeit und grundsätzlich sollte kein Fahrstuhl genutzt werden, das Sicherheitspersonal könnte z. B. bei technischen Störungen darin „gefangen“ und somit handlungsunfähig werden. Nach Kontrollende Rückmeldung an die NSL.

Antwort 30

- Name des Verfassers
- Meldungsnummer
- Erstellungsdatum
- Verteiler
- Betreff
- usw.

Antwort 31

Als erstes wird die Notruf- und Serviceleitstelle über die Situation informiert. Je nach Situationsbewertung werden weitere Kräfte zur Unterstützung, Tatortsicherstellung sowie der Eigensicherung angefordert. Das weitere Vorgehen an einem vermeintlichen Tatort sollte unter Beachtung folgender Schritte durchgeführt werden:

- Überblick verschaffen
- Eigensicherung einhalten
- Absperren des Tatortes
- Tatort nach Möglichkeit nicht betreten
- Wenn Betreten im Vorfeld notwendig ist... Anlegen eines Trampelpfades
- Keine Veränderungen vornehmen
- Notwendige Veränderungen kennzeichnen
- Keine zusätzlichen neuen Spuren legen

Antwort 32

Das weitere dienstliche Vorgehen und dessen Entwicklung ist abhängig von der Reaktion der zu kontrollierenden Person während dem Kontroll-/Gesprächsverlauf.

Zuerst sollte die Kontrollaufforderung wiederholt werden, ggf. wurde diese überhört oder missverstanden. Wenn die Person die Kontrolle weiterhin verwehrt, sollte ein anderer Kontrolleur sowie die Teilnahme einer Vertrauensperson angeboten werden, vielleicht hat die zu kontrollierende Person Vorbehalte gegenüber dem Kontrolleur. Nächste Ebene wäre das Aufzeigen der vertraglichen Verpflichtung sowie das Hinweisen auf daraus resultierende Konsequenzen. Personalien werden festgehalten für die nachgelagerte Dokumentation des Sachverhaltes. Kontrolle bei weiterer Ablehnung abbrechen (kein Zwang anwendbar). Meldung erstellen und nach betrieblicher Vorgabe verteilen.

Antwort 33

Grundsätzlich gelten beim Besucherempfang die in einer Dienstanweisung geregelten Vorgaben des Auftraggebers.

Der Sicherheitsdienst/Empfang/Werkschutz ist bedingt durch den ersten Kontakt mit dem Besucher das „Aushängeschild", die „Visitenkarte" des Unternehmens. Das dort eingesetzte Personal muss im Besonderen auf die Wirkung der eigenen Person achten ,z. B. Sprachverhalten, Reinlichkeit und Sitz der Dienstkleidung etc. und sich dieser Signalwirkung bewusst sein.

Allgemein verbindlich kann der Prozess „Besucherempfang" anhand der folgenden Schritte beschrieben/aufgezeigt werden:

- Freundliche Begrüßung des Besuchers
- Möglichst mit dem Namen ansprechen (zum Beispiel bei Vorlage einer Voranmeldung)
- nach Anliegen fragen
- Nach Möglichkeit und Notwenigkeit in der Sprache des Besuchers
- Voranmeldungen prüfen
- Empfangsbereitschaft bei der empfangenden Stelle hinterfragen
- Erstellung eines Besucherausweises (abhängig von den Vorgaben des Kunden)
- Hinweis auf Laufwege und Sicherheitshinweise geben
- Anmeldungspflichtige Gegenstände erfragen und registrieren
- Gepäckablage anbieten
- Begleitung anbieten
- Im Falle von unerwarteten Wartezeiten – Wartemöglichkeit anbieten
- Sollte der Besucher nicht empfangen werden können, höfliche Information an den Besucher
- Final – höfliche Verabschiedung des Besuchers

Antwort 34

- Fahrzeug vor der Kontrolle aus dem fließenden Verkehr verbringen
- Motor abstellen lassen
- Feststellbremse betätigen lassen
- Kontrolle nur in einem gesicherten Kontrollbereich durchführen
- Z. B. bei LKWs nicht auf Trittbretter stellen
- Sichern der Kontrolle durch weitere Kontrollperson
- usw.

Antwort 35

Zuerst verschafft man sich einen Überblick über die gesamte Situation, um daraus die Lage beurteilen und einschätzen zu können. Aus Gründen der Eigensicherung und des weiteren einsatztaktischen Vorgehens wird die NSL informiert und Unterstützung angefordert.

Personen unauffällig verfolgen. Nach Eintreffen der Verstärkung die Personen ansprechen um den Sachverhalt zu klären. Ggf. Festnahme und Hinzuziehen der Polizei. Im Nachgang eine Meldung verfassen um den Sachverhalt zum Wohle des a) Eigentümers der Tasche, wie auch b) die Beschädigung des Schließfaches abschließen zu können.

Antwort 36

In Form einer höflichen Ansprache wird der Dialog mit der männlichen Person eröffnet. Im ersten Schritt muss die Löschung der Zigarette sofort und unverzüglich veranlasst und durchgeführt werden (Brandgefahr). Die Person wird auf die Gefahren und den Verstoß hingewiesen. Auf ggf. vorhandene Raucherzonen hinweisen. Personaldaten des Rauchers notieren/sichern. Ggf. umgehende Information des Vorgesetzten der betroffenen Person. Person auf die Erstellung einer Meldung hinweisen.

Antwort 37

Zusammenfassend kann dem Bekannten durch den sogenannten Generalauftrag das Thema Sicherheitsdienst/Werkschutz sowie die Abgrenzung zur Polizei allgemeinverbindlich erläutert werden.

Der Sicherheitsdienst (bzw. Werkschutz) ist eine Schutzorganisation privater Natur, die unter Beachtung der allgemein rechtlichen Bestimmungen und privatvertraglichen Vereinbarungen zwischen dem Kunden (bzw. der Unternehmensleitung) und dem Vertreter der Sicherheitsfirma (bzw. der Vertretung der Betriebsangehörigen – Betriebsvereinbarung) im Wege der Selbsthilfe dem Schutz des Kunden (bzw. Schutz des Unternehmens und den Betriebsangehörigen oder auch Einzelpersonen) dient.

Antwort 38

- Teilnahmen an einem Unterrichtungsverfahren nach § 34 a GewO
  Ausnahme: Eignes Personal außerhalb des § 34 a GewO (z. B. betriebseigner Werkschutz) sowie Befreiungen nach § 5 BewachVO (z. B. Fachkraft für Schutz und Sicherheit, Geprüfte Schutz- und Sicherheitskraft)
- Erfolgreiche Sachkundeprüfung nach § 34 a GewO (Einsatz in besonderen Konfliktsituationen)
- Zuverlässigkeit muss vorliegen/Überprüfung des behördlichen Führungszeugnisses
- Das 18. Lebensjahr vollendet haben

Antwort 39

Flucht- und Rettungswege müssen jederzeit ohne Hindernis und ohne weiteren technischen Einsatz während einer Flucht genutzt werden können. Fluchtwege dürfen aus diesem Grund nicht verstellt werden und keine Brandlast aufweisen. Fluchttüren dürfen in Fluchtrichtung nicht verschlossen sein.

Aus diesen Gründen ist noch vor Einlass der Gäste die NSL sowie der Verantwortliche der Veranstaltung zu informieren. Die Stühle müssen sofort aus dem Fluchtweg entfernt werden. Hier handelt es sich um eine konkrete Gefahr. Zur späteren Bearbeitung wird eine schriftliche Meldung erstellt.

Antwort 40

- Grundsätzlich steht die Eigensicherheit/der Eigenschutz auf dem ersten Rang.
- Auch müssen gesetzliche Vorgaben (z. B. Geschwindigkeitsbegrenzungen) zwingend eingehalten werden.
- Für die Interventionskraft ist es von besonderer Bedeutung, Kenntnisse vom Kundenobjekt, der technischen Absicherungsart sowie der unterschiedlichsten Fahrtrouten zu haben.
- Interventionen dürfen nur mit funktionsfähigen und vollständigen Einsatzmitteln durchführen werden.
- Während der Intervention ist ständiger Kontakt mit der NSL zu halten.
- Geplantes Vorgehen am Einsatzort ist mit der Zentrale abzustimmen.
- Besondere Vorsicht gilt bei Personenkontakt.

Antwort 41

Vorgehen bei der Unfallaufnahme/-bearbeitung:
Zuerst gilt es, den Auftrag bei der NSL anzumelden bzw. diesen bei der NSL über die geeigneten Kommunikationsmittel zu bestätigen. Anfahrt an den Einsatzort erfolgt unter Einhaltung der gesetzlichen und betrieblichen Vorgaben sowie der Beachtung der Eigensicherung. An der Unfallstelle sollte man sich einen ersten Überblick der Situation verschaffen, die Unfallstelle absichern und wenn notwendig Verletzte versorgen – erste Hilfe und Verständigung von sonstigen Rettungskräften. Markierung der Positionen der tangierten Fahrzeuge. Je nach Grad der Beschädigungen sollte die Unfallstelle schnellstmöglichst für den weiteren Verkehr wieder frei gemacht werden. Zeugen und Unfallbeteiligte getrennt und in geeignetem (auch gerichtsverwertbarem) Rahmen befragen. Unfallschnellbericht vor Ort erstellen (unter Verwendung eines geeigneten Formblattes). Fotodokumentation erstellen, Anfertigen einer Unfallskizze mit ausgemessenen Maßen. Am Einsatzende muss die Fahrbahn wieder gänzlich geräumt, gesäubert und für den Verkehr gefahrenfrei sein. Die finale Erstellung eines Unfallberichtetes erfolgt im Büro.

Antwort 42

Es empfiehlt sich jegliche Art von Kontrollen durch zwei Kollegen/innen durchzuführen. Der zweite Kollege dient als Zeuge und zur Absicherung der Situation (L / V Stellung).

Grundsätzlich sollten bei derartigen Situationen im Sinne der Eigensicherung folgende Punkte beachtet werden:

- Einhaltung des Sicherheitsabstandes gegenüber einer zu kontrollierenden Person (> eine Armlänge)
- Menschenwürde der zu kontrollierenden Person beachten
- Höfliches, aber bestimmendes Vorgehen
- Nach Möglichkeit einen geeigneten Platz für die Kontrolle auswählen
- Anderen Passanten kein „Schauspiel" bieten. Vorsicht vor Solidarität mit vermeintlich Schwächerem – dies kann die Situation negativ beeinträchtigen (Umfeld daher durch Sicherungsperson beobachten lassen)
- Situationsverlauf aktiv (durch geeignete Maßnahmen, z. B. Gestik/Mimik, sonstigen Deeskalationsmöglichkeiten) durch Sicherheitspersonal führen
- Zu kontrollierende Person und deren Bewegungen, z. B. Hände, im Blick behalten
- Jederzeit mit „Ad-hoc Aktionen", z. B. Angriffen, rechnen
- Nutzen von persönlicher Schutzausrüstung (Sicherheitskleidung)
- Nicht durch Verhalten des Gegenübers provozieren lassen und/oder zu Handlungen verleiten lassen
- usw.

3. Brandschutz und sonstige Notfallmaßnahmen

Antwort 43

a. Baulicher, technischer und organisatorischer Brandschutz
b. Sauerstoff, brennbares Material, richtiges Mengenverhältnis und Zündquelle
c. Rauch, Feuer, Hitze
d. Beschreibung eines Rauchmelders, z. B. Streulichtmelder: in der Messkammer des Melders befindet sich eine Fotodiode und eine Lichtquelle, die durch ein Labyrinth voneinander getrennt sind. Dringt Rauch in die Messkammer, wird das Licht der Lichtquelle reflektiert bis es auf die Fotodiode trifft. Die Alarmmeldung wird ausgelöst.

Antwort 44

a. Rauch dringt in einen Rauchmelder ein, welcher dann einen Voralarm an die Brandmeldezentrale gibt. Bei Auslösung eines zweiten Melders gibt es dann den sog. Hauptalarm. Die Brandmeldezentrale löst akustische und optische Signalgeber aus, welche dann ca. zwei Minuten laufen. In dieser Zeit haben die anwesenden Personen Zeit die Räumlichkeit zu verlassen. Durch die BMZ werden Türen und Fenster geschlossen, Lüftungsanlagen abgeschaltet. Danach setzt der Löschvorgang ein. Bei Betätigung eines Druckknopfmelders wird der Hauptalarm sofort ausgelöst.
b. Vor Auslösung des Hauptalarms müssen zwei automatische Brandmelder ausgelöst worden sein.
c. Ein Feuer ist ein chemischer Vorgang (Oxidation)
d. Feuer = kontrollierter, vom Menschen gewollter Verbrennungsvorgang wie Lagerfeuer, Ofen. Brand = eine unkontrollierter, nicht gewollter Verbrennungsvorgang
e. Kühleffekt, Stickeffekt und Inhibitionseffekt

Antwort 45

- In Windrichtung löschen
- Stoßweise löschen
- Bei Tropfbränden von oben nach unten löschen
- Von Außen nach innen löschen
- Mit mehreren Feuerlöschern gleichzeitig angreifen
- Löschmittelreserve behalten
- Bei Flüssigkeitsbränden Pulverwolke über das Objekt legen
- Achten auf den richtigen Löscher (Brandklasse)

Antwort 46

Rettungsgrundsatz: Melden – Retten – Bekämpfen

Melden: Der Leitstelle ist der Vorfall zu melden, da diese die objektspezifisch festgelegten Maßnahmen einleiten kann.

Es sind folgende Punkte zu melden: Wo befindet sich der Schadensort? Was ist passiert? Wie viele Menschen sind verletzt bzw. in Gefahr? Welche Maßnahmen wurden bisher getroffen? Wer meldet? Warten auf Rückfragen.

Retten: Zum Begriff Rettung zählt neben dem Hinausbegleiten von betriebseigenen Mitarbeitern auch die Führung von ortsfremden Personen. Maßnahmen der Erste-Hilfe-Leistung sind ebenso darunter zu verstehen. Bei allen Aktivitäten ist die Eigensicherung zu beachten.

Bekämpfen: Wenn die Zeit und die Möglichkeit es zulässt, können bis zum Eintreffen professioneller Kräfte Löschversuche unternommen werden.

Ziel: Kenntnisse und Berücksichtigung der Reihenfolge bei Normabweichungen und deren praktischer Umsetzung.

Antwort 47

a. Der zu schützende Raum ist mit einer Anzahl von Sprinklerköpfen versehen, welche an ein Rohrleitungsnetz angeschlossen sind, welches mit einem Vorratsbehälter mit Wasser verbunden ist.

Die Sprinklerköpfe sind mit Glasröhrchen verschlossen, in denen sich eine Flüssigkeit befindet. Bei Erwärmung dehnt sich die Flüssigkeit aus und bringt das Röhrchen zum Platzen. Das Wasser, welches sich unter Druck im Rohrleitungssystem befindet, trifft als Strahl auf den Sprinklerteller und wird zu einer Vielzahl von kleinen Tröpfchen zerteilt. Durch den entstehenden Löschwassernebel wird die Brandenergie aufgenommen. Das ausströmende Wasser hat einen Druckabfall im Rohrleitungssystem zur Folge. Durch den abfallenden Druck wird ein Alarmmelder aktiviert, welcher ein akustisches Signal auslöst (Sprinklerglocken). Durch den Druckabfall wird eine Pumpe aktiviert, welche Wasser in das Rohrleitungssystem pumpt und erst nach manueller Abschaltung die Tätigkeit einstellt. Für eine Sprinkleranlage stehen zwei Wasserversorgungen zur Verfügung. Zum einen der Vorratsbehälter, welcher an das öffentliche Leitungsnetz angeschlossen ist (sogenannte „unerschöpfliche" Wasserversorgung) und einem Druckbehälter (sogenannte „erschöpfliche" Wasserversorgung).

b)

- Sprühwasserlöschanlage
- Schaumlöschanlage
- Pulverlöschanlage
- Kohlendioxidlöschanlage
- Inergenlöschanlage

4. Arbeits-, Gesundheits- und Umweltschutz

Antwort 48

- Vorsorgeprinzip

  Danach soll es erst gar nicht zu Umweltbelastungen kommen, z. B. Verbote

- Verursacherprinzip

  Derjenige, der dafür verantwortlich ist, dass Umweltbelastungen nicht vermieden werden oder entstanden sind, hat die Kosten dafür zu tragen.

- Kooperationsprinzip

  Alle Betroffenen (Staat / Bürger) sollen gemeinsam Umweltziele festlegen

- Gemeinlastprinzip

  Im gewissen Rahmen hat die Allgemeinheit Kosten zur Vermeidung oder Beseitigung von Umweltschäden zu tragen, z. B. durch Kfz-Steuer

Antwort 49

- Verbotszeichen: rund, roter Rand, roter Querstrich, weißer Hintergrund, schwarzes Symbol
- Warnzeichen: dreieckig, schwarzer Rand, gelber Hintergrund, schwarzes Symbol
- Gebotszeichen: rund, Hintergrund blau, weißes Symbol
- Rettungszeichen: quadratisch/rechteckig, grüner Hintergrund, weißes Symbol
- Brandschutzzeichen, quadratisch, roter Hintergrund, weißes Symbol

Antwort 50

- Fahrtüchtigkeit des Fahrers (Gesundheit, Alkohol, Drogen)
- erkennbare Mängel an Fahrzeug und Transportbehältnissen
- Führerschein, GGVSEB2010/ADR Bescheinigung
- Berechtigungsscheine und Zulassungen
- Beförderungspapiere
- Unfallmerkblätter
- zwei Feuerlöscher
- Kennzeichnung/Warntafeln
- TÜV-Plakette

Antwort 51

In der oberen Zeile steht die Gefahrnummer, hier entzündliche Flüssigkeit. Doppelte Zahl bedeutet erhöhte Gefahr.

In der unteren Zeile steht die Stoffnummer (UN-Nummer), hier Benzin.

5. Einsatz von Schutz- und Sicherheitstechnik

Gefahrenmeldetechnik

Antwort 52

a. Von der Meldezentrale werden alle Alarm- und Störmeldungen von manuellen und automatischen Meldern erfasst, gespeichert, protokolliert und an hilfeleistende Stellen optisch und akustisch zur Anzeige gebracht (5 Punkte).

Eingehende Meldungen werden zur Steuerung von Alarmierungseinrichtungen und Betriebsmitteln koordiniert (2 Punkte).

Ferner wird die Stromversorgung auf Funktionsbereitschaft überwacht (1 Punkt).

b.

- Ausgelöste Meldelinien
- Abgeschaltete Meldelinien
- Stromversorgung
- Sabotage
- Störungen
- Stromversorgung

c. Passive Melder verfügen nur über einen Empfänger und werten physikalische Veränderungen aus (2 Punkte).

Beispiel: Magnetkontakt, passiver Glasbruchmelder, Infrarot-Bewegungsmelder, Körperschallmelder(je 1 Punkt).

Aktive Melder verfügen über einen Sender und Empfänger und überwachen dadurch ihre Funktionalität selbst (2 Punkte).

Aktive Melder: Ultraschallbewegungsmelder, aktiver Glasbruchmelder, Mikrowellenrichtstrecken, Infrarotlichtschranke etc. (je 1 Punkt)

Antwort 53

a. Nicht alle Kontakte geschlossen, falscher Schlüssel, Schloss defekt
b. Am Blockschloss, Meldezentrale, Notrufzentrale (PC)
c. Eine Scharfschaltung der GMA ist erst möglich, wenn sämtliche Melder geschlossen (in Ruhestellung) sind

Antwort 54

a. Gefahrenmeldeanlagen sind Fernmeldeanlagen, zum sicheren Melden von Gefahren und Schäden für Menschen und Sachen.
b. BMA = Brandmeldeanlage, EMA = Einbruchmeldeanlage, ÜMA = Überfallmeldeanlage
c.
- Vibrationsmelder, Alarmdrahtglas, Glasbruchmelder, Schließblech-, Riegelkontakt
- Infrarot-, Ultraschall-, Mikrowellenbewegungsmelder, Infrarotlichtschranke
- Geldscheinkontakt, Magnetkontakt, Körperschallmelder, Kapazitive Melder
- Mikrowellenrichtstrecke, Lichtschranke, akustischer Zaunmelder, Bodendruckmelder

Antwort 55

a. Bei Betätigung des Melders soll ein direkter Hilferuf an eine hilfeleistende Stelle gesendet werden. Die Meldung darf vor Ort nicht rückstellbar sein.

   Sie müssen einfach auszulösen sein, Auslösung durch menschliche Handlung (manueller Melder)

b.
- Notfalltaster
- Kontaktschiene
- Notrufcodierung (beim Schalten der Anlage)
- Geldscheinkontakt

Mechanische Sicherung

Antwort 56

a.
- Unbefugten Zutritt zu verhindern
- Zugang von Berechtigten gewährleisten
- Schutz von Personen
- Sicherung von materiellem und geistigem Eigentum
- Vermeidung von Betriebsstörungen und -unfällen

b.
- Verwaltung von Schließanlagen
- Aufbewahrung von Schlüsseln
- Verhalten/Mitnahme bei Verlust von Schlüsseln
- Behandlung übergeordneter Schlüssel
- Regelung zu Gebäudeein- und -ausgängen

c.
- Generalhauptschlüssel
- Hauptgruppenschlüssel
- Gruppenschlüssel
- Einzelschlüssel

Antwort 57

a. Türblatt, Türzarge, Türbänder, Schließblech, Schloss, Schließzylinder

b. Türblatt:
   - Aufbringen von Türblättern aus verschiedenen Materialien wie z. B. Stahl, Kunststoff,
   - Türzarge (Rahmen): Massiver Türrahmen mit eingelassenen Sperrhaken in der Wand,
   - Türbänder (Scharniere): Einsatz von Scharnieren mit langem Zapfen, zusätzliche Hinterhaken,
   - Schließblech: Verstärkung durch Aufbringen eines zusätzlichen Bleches,
   - Schloss: Sicherheitsschloss mit Aufbohrschutz und zusätzlichen Beschlägen
   - Schließzylinder: Verwendung von Qualitätszylindern und Rosetten

Antwort 58

Er enthält den organisatorischen Aufbau und die Schließkompetenzen.

Antwort 59

- Angriffshemmende Verglasung ist je nach Anforderung in vier Klassen möglich: durchwurf-, durchbruch-, durchschuss- und sprengwirkungshemmend
- Einbau von Gittern, wobei auf eine feste Verbindung zum Mauerwerk zu achten ist und die Verschraubung nicht von außen gelöst werden kann.
- Einbau von Rollläden, hierbei ist auf eine feste Verankerung der Führungsschienen im Mauerwerk zu achten, Verwendung von stabilem Material der Lamellen, diese sollten mindestens 5 cm in den Führungsschienen laufen sowie eine Sicherung gegen das Hochschieben der Lamellen.

Antwort 60

a. Online-Anlagen sind mit einem Zentralrechner und diversen Untereinheiten (Vorrechnern) sternförmig vernetzte Systeme, in denen die Berechtigungsprüfung der Zutritte dezentral vorgenommen wird. Der Zentralrechner dient solchen Anlagen als Verwalter des in der gesamten Anlage vorhandenen Datenbestandes und ermöglicht eine individuelle Parametrisierung der Zutrittsdaten.
b. Offline-Anlagen sind sogenannte „stand alone" betriebene Anlagen. In der Regel handelt es sich um Einzelterminals, bei denen die Berechtigungen nur für diesen Bereich abgelegt sind (Systemzutritt).
c. Biometrische Systeme wie Handgeometrie, Handschrifterkennung, Fingerabdruck, Stimmenvergleich, Augenhintergrunderkennung, Iriserkennung oder Gesichtsfelderkennung.

Antwort 61

a.

- Codierter Ausweis
- Ausweisleser
- Personenvereinzelungsanlage
- Datenspeicher
- Zentraleinheit
- Alarmierungseinrichtung
- Sperrelemente

b.

- Schnelle Änderung des Zutrittsberechtigungen möglich
- Verschiedene Auswertmöglichkeiten
- Geringerer Personalaufwand

Funksysteme

Antwort 62

Mobilfunk

Vorteil

- Kontakt zu externen Stellen möglich
- Schwierig abhörbar

Nachteil

- Leitung belegt – keine Kommunikation
- Zeiaufwand beim Anwählen

Funkgeräte

Vorteil

- Ansprechen mehrerer Stellen gleichzeitig
- Notrufeinrichtung wie Totmannschaltung

Nachteil

- leicht abhörbar
- eingeschränkte Reichweite

Antwort 63

- Bessere Sprachqualität durch Verpackung in Datenblöcken
- Dadurch auch die Möglichkeit Fotos und Skizzen senden zu können
- Höhere Abhörsicherheit durch Verschlüsselung der Nachricht
- Dadurch ist auch ein Duplex-Sprachverfahren möglich
- Bessere Erreichbarkeit durch Wegfall von Funkschatten

6. Situationsbeurteilung

Antwort 64

a. Der erste Eindruck wird zwischen den ersten 10 bis 30 Sekunden gebildet.

b. Der „erste Eindruck" ergibt sich u. a. aus:
   - Alter
   - Sprache
   - Stimme
   - Körpersprache
   - Kleidung
   - Verhalten

   einer Person.

c. Der „erste Eindruck" hilft dem Sicherheitsmitarbeiter, eine Person oder eine Situation schnell einzuschätzen, um daraufhin richtig zu reagieren.

Antwort 65

a. Menschenkenntnis ist die Fähigkeit, das Verhalten oder den Charakter von Menschen aufgrund eines ersten kurzen Eindrucks (zwischen 10 und 30 Sekunden) richtig einzuschätzen, zu erkennen und zu beurteilen, und dann vorherzusagen wie sie denken und wie sie handeln werden. Dies ist besonders für den Mitarbeiter im Sicherheitsdienst wichtig, da dieser öfter als andere Berufsgruppen in Konfliktsituationen geraten kann, bei denen besonders die Menschenkenntnis das weitere Handeln beeinflusst.

b. Die entscheidenden Eigenschaften für diese Fähigkeit sind Lebenserfahrung, Intuition, Intelligenz und Lebensweisheit. Sie wird durch den Umgang mit anderen Menschen und durch Erfahrung mit vielen unterschiedlichen Personen und Situationen antrainiert.

Antwort 66

Psychologie ist die Lehre der Gesetzmäßigkeiten und Formen des Erlebens und Verhaltens des individuellen Menschen. Hierzu zählen sowohl psychisch gesunde sowie auch psychisch erkrankte Menschen.

Die Psychologie ist eine erprobte Wissenschaft, die sich bemüht mit erprobten Methoden allgemeine Gesetzmäßigkeiten psychischer Grundstrukturen und deren Prozesse zu erforschen und auf Basis von wissenschaftlichen Ergebnissen Verbesserungen voranzutreiben.

Antwort 67

Grundsätzlich wird das menschliche Verhalten in den drei Strukturebenen Trieb, Gefühl und Verstand gesteuert.

Antwort 68

Der amerikanische Psychologe Abraham Maslow hat dies in einer Bedürfnispyramide vereinfacht in fünf Stufen dargestellt. Sie zeigt ein Stufenbild der menschlichen Bedürfnisse. Zuerst müssen die unteren Bedürfnisse weitgehend befriedigt sein, bevor die „höheren" Bedürfnisse angegangen werden können.

Nach den

- physiologischen Grundbedürfnissen (Essen, Trinken, Schlafen, Sexualität), die nach Abraham Maslow die grundlegendsten und mächtigsten sind, kommen die
- Sicherheitsbedürfnisse (materielle und berufliche Sicherheit, Wohnung, Arbeit), darüber die
- sozialen Bedürfnisse (Freundschaft, Partnerschaft, Liebe, Zugehörigkeit), dann die
- soziale Anerkennung,
- die Ich-Bedürfnisse (Anerkennung, Selbstachtung, Status, Wertschätzung) und schlussendlich ganz oben die

- Selbstverwirklichung (Unabhängigkeit, Selbstlosigkeit, Selbstentfaltung).

Bedürfnispyramide nach Maslow (1908 – 1970)

Antwort 69

Das Selbstwertgefühl ist eine Selbsteinschätzung der eigenen Person. Es ist der wahrgenommene Wert der eigenen Person, gemessen an sich selbst und der Umwelt. Er setzt sich aus den drei Bereichen Selbstbewusstsein, Selbstsicherheit und Selbstvertrauen zusammen.

Antwort 70

Vorurteile sind vorab wertende (positive oder negative) Einschätzungen über Menschen oder Sachverhalte, die nicht auf Objektivität oder Fakten beruhen, sondern übernommene und nicht geprüfte Meinungen durch Einzelerfahrungen, Hörensagen, Gruppenmeinungen, Medien etc. sind.

Vorurteile können aber auch eine Schutzfunktion haben, besonders bei der Ausübung einer Tätigkeit im Sicherheitsgewerbe.

Der körpereigene psychologische Schutzinstinkt hilft dabei, vorausschauend zu handeln, um bei einer möglichen persönlichen Gefährdungslage richtig zu handeln, um sich nicht selbst in Gefahr oder in eine schwierige Lage zu bringen.

Der Nachteil an Vorurteilen ist, dass sie oft nicht hinterfragt werden und so voreilig eventuelle Schlüsse gezogen werden. Deswegen ist es sehr wichtig, dass man Vorurteile stets hinterfragt.

Antwort 71

a. Man spricht von einem Konflikt, wenn Personen, Gruppen, Organisationen oder Staaten nicht die gleichen Interessen, Ziele oder Wertvorstellungen haben.
b. Im Tätigkeitsfeld von Mitarbeitern im Sicherheitsdienst kann es zu Konfliktsituationen kommen, z. B. bei
   - der Durchsetzung von Verboten,
   - der Kontrolle von Werkausweisen und Zugangsberechtigungen,
   - der Erteilung von Anweisungen,
   - der Durchsetzung des Hausrechts,
   - Fahrzeugkontrollen,
   - vorläufigen Festnahmen,
   - Zugangskontrollen,
   - bei der Dienstplanung,
   - Unstimmigkeiten zwischen einem Sicherheitsmitarbeiter und dem Objektleiter.

Antwort 72

Die Person wird frustriert sein.

Frustration ist ein negatives Gefühl, das im Menschen entsteht, wenn er daran gehindert wird, ein angestrebtes Ziel zu erreichen – in diesem Fall in die Veranstaltung zu gelangen.

Antwort 73

a. Aggression ist jedes psychische oder physische Handeln mit der Absicht zu verletzen, zu beschädigen oder zu zerstören.

b. Eine besondere Variante der Aggression ist die „verschobene Aggression", die auch „indirekte" oder „versetzte" Aggression genannt wird. Bei der verschobenen Aggression wird nicht gegen die eigentliche Ursache (Mensch, Gegenstand etc.) gehandelt, sondern gegen einen anderen Menschen oder eine andere Sache, wie hier gegen das Fahrzeug.

Antwort 74

a. Bei der extrinsischen Motivation erfolgt die Motivation von außen, z. B. durch Geld, Geschenke oder Strafen. Bei der intrinsischen Motivation kommt die Motivation von innen heraus, sozusagen aus eigenem Antrieb, weil diese als bedeutsam für sich selbst angesehen wird.

b. Der eigene Antrieb bei der intrinsischen Motivation sorgt dafür, dass man eine Sache freiwillig von sich aus macht und keine externe Motivation dazu benötigt. Intrinsisch motivierte Personen sind motivierter, verfolgen hartnäckiger das gesetzte Ziel und kommen auch besser mit eventuellen Mißerfolgen zurecht.

Antwort 75

a. Wir machen es uns bei der selektiven Wahrnehmung gerne bequem und nehmen nur das uns Bekannte war, indem wir unsere bereits gemachten Erfahrungen bestätigen und blenden das Unbekannte einfach aus. Nachteilig ist hierbei, dass wir unsere bereits gefällten Urteile immer wieder einfach bestätigen, ohne diese auf Richtigkeit zu prüfen und auch keine neuen Erfahrungen zulassen.

b.
- bei Kontrollen im vorbeugenden Brandschutz, wo z. B. Feuerlöscher optisch auf Funktion geprüft werden
- bei Zaunkontrollen
- bei Zugangskontrollen

Antwort 76

- Normenkonflikt

  Durchsetzung einer Norm (z. B. Gesetz, Hausordnung, Richtlinie); Akzeptanz einer Norm fehlt.
- Rangkonflikt

  Über-/Unterordnung, der Sicherheitsmitarbeiter findet keine Akzeptanz
- Territorialkonflikt

  Verteidigung eines bestimmten Gebietes / Bereiches

Antwort 77

a. Im Zuge der internationalen Globalisierung und den Möglichkeiten weltweit zu reisen oder zu arbeiten, kommen wir in unserem beruflichen wie auch privaten Alltag mit sehr vielen Menschen aus verschiedenen Nationen und deren Kulturen in Kontakt. Hier spricht man dann von interkulturellen Interaktionen, die positiv, aber auch negativ sein können, da dies auch immer vom gegenseitigen Verständnis abhängig ist. Der interkulturelle (internationale) Austausch ist viel komplexer und konfliktträchtiger als der eigene intrakulturelle (nationale) Austausch mit seinem gewohnten Umfeld.

b. Es bedarf deswegen der interkulturellen Kompetenz, die man sich z. B. durch das Aneignen von Menschenkenntnis (siehe Kapitel 6.1.1 Menschenkenntnis und Psychologie) oder spezielle Trainings antrainieren kann um Situationen, in denen es um diese Kompetenz geht, souverän meistern zu können, damit es nicht zu einem Konflikt (siehe Kapitel 1.4.1 Konflikte) kommt.

7. Kommunikation

Antwort 78

a. Kommunikation ist der wechselseitige Austausch von Botschaften zwischen einem Sender und einem Empfänger. Diese Botschaften enthalten Informationen und/oder Emotionen.

b. Der Austausch von Botschaften unter Menschen erfolgt auf zwei Kommunikationsebenen. Erstens auf der Beziehungsebene (Gefühlsebene) und zweitens auf der Sachebene.

   Die Beziehungsebene wird emotional bestimmt, d. h. sie wird beherrscht von unseren Gefühlen. Hier fließen Empfindungen, Beziehungen, Vorurteile, Gefühle und Erwartungen zusammen.

   In der Sachebene wird rein sachlich auf inhaltliche Probleme angesprochen, d. h. Verstehen des Gesagten. Woher erhalte ich welche Information (Gesetze, Literatur, Sachverhalte)?

   Zwischen den beiden Ebenen findet deshalb ein Austausch statt.

c. In der verbalen Kommunikation geht es um das gesprochene Wort zwischen einem Sender und einem Empfänger. Dieses macht nur ca. 12,5 % der Gesamtbotschaft aus, die beim Empfänger ankommt.

   In der nonverbalen Kommunikation geht es um die direkte Kommunikation von Angesicht zu Angesicht. Laut wissenschaftlicher Studien werden ca. 87,5 % der Botschaft, die Sender und Empfänger austauschen, über die Körpersprache vermittelt.

Antwort 79

- Sachverhalt (es geht um die Kontrolle)
- Appell (Kontrolle beenden)
- Selbstoffenbarung (ich halte die Kontrolle für überflüssig)
- Beziehung (ich kann den Sicherheitsmitarbeiter von oben herab behandeln)

Antwort 80

In der Transaktionsanalyse gibt es drei Arten von „Ich", nämlich Eltern-Ich, Erwachsenen-Ich und Kind-Ich.

Wenn Menschen miteinander kommunizieren, sprechen sie jeweils ein bestimmtes Ich an.

Im **Kindheits-Ich** sind alle positiven und negativen Erfahrungen und vor allem Gefühle aufgezeichnet, die das Kind in den ersten fünf bis sechs Lebensjahren gemacht und erlebt hat.

Das **Eltern-Ich** verfügt über zwei Aspekte: Es zeigt sich entweder kritisch-verurteilend-moralisierend oder aber fürsorglich.

Das **Erwachsenen-Ich** denkt, urteilt und legt sich seine Handlungen zurecht. Es berücksichtigt dabei auch die Konsequenzen seines Handelns.

Man unterscheidet Komplementär-Transaktionen (wenn die Sender den gleichen Ich-Zustand ansprechen oder die Nachrichten sich ergänzen) und Über-Kreuz-Transaktionen. Wenn die Botschaften stimmig sind (komplementäre Transaktion), kann die Kommunikation ungestört weitergehen.

Beispiel für eine Komplementär-Transaktion:
Sicherheitsmitarbeiter Müller bittet den Gast Meier höflich, einen Besucherschein auszufüllen. Dieser antwortet: *„Alles klar, Sicherheit ist wichtig"*.

Beispiel für eine Über-Kreuz-Transaktion:
Sicherheitsmitarbeiter Müller fragt den Gast Meier: *„Haben Sie nicht das Schild gelesen, dass jeder seine Tasche unaufgefordert vorzeigen muss?"* Meier antwortet: *„Ich habe Wichtigeres zu tun, Sie Paragraphenreiter"*.

Antwort 81

Gesprächsfördernd:

- Aktives Zuhören
- Ansehen
- Verständnis zeigen
- Ausreden lassen
- Ich-Botschaften
- ...

Gesprächshemmend:

- Gegenüber unterbrechen
- Nicht ansehen
- Sich durch andere Aspekte ablenken lassen
- Provozieren
- „Von oben herab" argumentieren
- ...

Antwort 82

Bei geschlossenen Fragen kann der Gesprächspartner nur mit „Ja" oder „Nein" antworten, z. B: *„Hatte der Täter eine Maske auf?"*

Offene Fragen sind besser geeignet, um zu einem Gespräch einzuladen, Erfahrungen, Wünsche und Gedanken des Gegenübers zu erfahren, da er nicht nur mit „Ja" oder „Nein" antworten kann, z. B. *„Was ist geschehen?"*

Antwort 83

Sie erfolgt entweder in Form von:

- Briefen
- E-Mails
- Über Soziale Netzwerke (Facebook, Xing, MySpace etc.)
- Messenger Dienste
- Über das firmeninterne Intranet
- Rundschreiben
- Aushängen oder
- Berichten, Protokollen

Antwort 84

Zum gepflegten Erscheinungsbild gehören:

- Körperpflege
- gepflegte Frisur und Rasur
- gepflegte und saubere Hände
- saubere und faltenfreie Kleidung
- vorschriftsmäßige Dienstkleidung
- keine offensichtlichen Tätowierungen

Antwort 85

a.

- Übersteigertes Geltungsbedürfnis
- Oft respektloses Auftreten
- Lautes und auffälliges Verhalten
- Rebellion gegen die Erwachsenenwelt
- Übersensibilität
- Unsicherheit
- Erhöhte Gewaltbereitschaft
- Mangelnde soziale Einordnung
- Gruppenbildung
- Orientierungslosigkeit
- Wollen sich beweisen
- Eigenes Wertesystem
- Kaum Kompromissbereitschaft vorhanden, wenn dann nur gegen Gegenleistung
- Niedrige Frustrationstoleranz
- Niedrige Hemmschwelle gegenüber Straftaten

b.

- Behandlung wie Erwachsene/gleichwertige Gesprächspartner (grundsätzlich mit Sie ansprechen)
- Verständnis und Nachsicht zeigen
- Auf der gleichen Ebene unterhalten
- Nicht überheblich wirken
- Beachtung der Grundsätze der Kommunikation
- Ermahnungen / Hinweise sachlich und eindeutig aussprechen
- Nicht oberlehrerhaft belehren
- Nicht auf Provokationen eingehen
- Nicht „stimmgewaltig" sprechen
- Grenzen aufzeigen
- Locker und selbstbewusst sein
- Lösungsmöglichkeiten anbieten
- Vorbildfunktion einnehmen
- Man war selber mal in dem Alter (Vorurteile überprüfen)

Antwort 86

Bei der Kommunikation in Konfliktgesprächen ist es wichtig, folgende Regeln zu beachten:

- Ruhe bewahren
- Aktives Zuwenden und Zuhören
- Eigene Emotionen kontrollieren
- Respektvoller Umgang miteinander (Gleichwertigkeit der Gesprächspartner)
- Beleidigungen und Provokationen nicht persönlich nehmen, da das Gegenüber eher die Funktion beleidigt und nicht den Sicherheitsmitarbeiter als Privatperson
- Eigene Empfindungen herausstellen (z. B. *„Ich fühle mich von Ihnen nicht fair behandelt!“*)
- Das Gegenüber durch gezielte Fragestellung zum Nachdenken anregen
- Sachverhalt aufklären
- Erklären, dass man im beruflichen Auftrag handelt
- Einen Weg finden, um den Abschluss des Gespräches für beide Seiten zufriedenstellend zu gestalten

Antwort 87

1. Nicht ausreden lassen/nicht zuhören

Die meistverbreitete Kommunikationsstörung ist die, wenn die andere Person einen nicht ausreden lässt und man dadurch den Eindruck erhält, dass einem nicht richtig zugehört wird.

2. Pauschalisieren

Solche Sätze wie „das wird hier schon immer so gemacht" oder „nie machst du das, was man Dir sagt", können einem schon ziemlich auf die Nerven gehen.

3. Unterstellungen oder Schuldzuweisungen

Ebenfalls wird die Kommunikation gestört, wenn einem z. B. die Schuld für ein Handeln (beispielsweise das angebliche Vergessen, eine Tür bei der Verschlussrunde nicht geschlossen zu haben) zugewiesen wird, ohne wirklich die Faktenlage zu kennen.

Antwort 88

Einzelgespräch – Gruppengespräch – Mediation

Im Einzelgespräch unterhalten sich zwei Personen miteinander.

Im Gruppengespräch unterhalten sich mehr als zwei Personen.

Zuletzt haben wir die Mediation. Bei der Mediation unterhalten sich zwei oder mehrere Personen, aber das Gespräch wird geführt und geleitet von einem sogenannten Mediator. Der Mediator ist eine neutrale Vermittlungsperson, der die Parteien bei der Entwicklung einer konstruktiven Lösung unterstützt und hierbei auch Fragetechniken zur Gesprächslenkung anwendet.

8. Kunden- und Serviceorientierung

Antwort 89

a. Der auftragsbezogene Kunde hat Tätigkeiten definiert, die er als ‚nicht zu seinem Kerngeschäft gehörend' definiert hat. Aufgrund der Notwendigkeit dieser Tätigkeiten, möchte er diese durch ein fremdes Unternehmen ausführen lassen. Ihn selbst würde dies zu sehr binden in Nebenthemen oder es fehlt die Fachkompetenz in diesem Thema.

b.

Der nomadisierende Kunde

Hat ein Bedürfnis für die Dienstleistungserfüllung, er hat aber keine andauernde Bindung an das beauftrage Unternehmen. Folgebeauftragungen (zum Beispiel im Rahmen von Ausschreibungen) können ohne weitere Begründungen oder Hinweise an einen Mitbewerber, das heißt ein Konkurrenzunternehmen erteilt werden.

Der genügsame Stammkunde

Hat ein Bedürfnis für die Dienstleistungserfüllung. Es gibt für Ihn aber keine unveränderlichen Forderungen an die erbrachte Leistung. Diesem fällt es leicht, sich an das erfolgte Angebot anzupassen. Er scheut mögliche Risiken. Ohne große Überlegungen oder Argumentationen wird der Folgeauftrag an das gleiche Unternehmen gegeben.

Der anspruchsvolle Stammkunde

Hat ein Bedürfnis für die Dienstleistungserfüllung. Dieser stellt sehr präzise Anforderungen an das beauftragte Unternehmen. Sofern seine Wünsche und definierten Anforderungen erfüllt werden, werden auch die Folgeaufträge an das gleiche Unternehmen ohne Begründung wieder vergeben.

Der weltoffene Anspruchskunde
Hat ein Bedürfnis für die Dienstleistungserfüllung. Er definiert und vergleicht später präzise und sehr hohe Anforderungen an das beauftragte Unternehmen. Nur wenn diese definierten Anforderungen nahezu vollumfänglich erfüllt werden, geht möglicherweise der Folgeauftrag an das gleiche Unternehmen.

Antwort 90
Den ersten Eindruck bilden man sich in der Regel innerhalb von 10 – 30 Sekunden.

Der Kunde nimmt beispielsweise folgenden ersten Eindruck von Sicherheitsmitarbeitern wahr:

Das allgemeine Erscheinungsbild des Sicherheitsmitarbeiters
- Art der Dienstkleidung
- Sauberkeit der Kleidung und Schuhe
- Frisur
- Rasur
- Piercing

Die Körpersprache des Sicherheitsmitarbeiters:
- Mimik
- Blickkontakt
- Körperhaltung
- offene oder geschlossene Gesten

Die Sprache des Sicherheitsmitarbeiters
- Begrüßung
- Anrede
- Höflichkeit, Vermitteln eines „Willkommens“ oder „warmen Empfangs“
- deutliche Ausdrucksfähigkeit, klare Angaben

Antwort 91

Diese Konflikte können entstehen, wenn Anweisungen, Belehrungen etc. zu Sicherheitsverstößen und Verhaltensweisen in Gegenwart von anderen Personen erfolgen. Diese Personen können jeglichen Status haben.

Die inhaltlich richtige Belehrung eines Familienvaters, der in einem Einkaufszentrum rauchend angetroffen wird ist schwierig. Findet diese vor den eigenen Kindern öffentlich statt, kann dieser einen Gesichtsverlust / Verlust der Autorität empfinden und möglicherweise aggressiv reagieren. Hierbei ist auch unter Berücksichtigung der Eigensicherung kritisch zu beachten, dass Begleitpersonen wie Angehörige sich zwangsläufig parteiisch verhalten und auch aggressiv reagieren können. Das Risiko, das Personen sich durch ein Einschreiten im öffentlichen Bereich bloßgestellt fühlen, ist besonders groß.

Folgende Lösungen bieten sich hierfür an.

Wenn Möglich, eine räumliche Trennung der Personen herbeiführen.

- Bei einem Einsatz von mindestens zwei Mitarbeitern kann so auch mit verschiedenen Parteien gleichzeitig gesprochen werden.
- Im Rahmen von Kontrollen, die kontrollierte Person aus dem Bereich bringen und isolieren (auch zur Seite nehmen genannt). Hier die Kontrolle weiterführen. So wird vermieden das Unbeteiligte hier Partei ergreifen.

Möglichkeit, das Gesicht zu wahren.

- Aggressionen können auch aus der Angst heraus entstehen, vor anderen bloßgestellt zu werden.
- Hierbei sollte auf Gruppenzugehörigkeit bzw. Familienangehörigkeit geachtet werden.

Antwort 92

Das Leiten eines Unternehmens in der Sicherheitsbranche sollte immer mit einer gezielten Entwicklung der Philosophie des Unternehmens und einer hieran ausgerichteten Kultur einhergehen.

Die Unternehmenskultur muss die Philosophie widerspiegeln und tatsächlich gelebt werden. Die wesentlichen Elemente der Unternehmenskultur sind

- Betriebsklima
- Führungsverhalten
- Unternehmensorganisation inklusive Verankerung in einem transparenten QM
- Festlegen und „Leben" von Normen, Werten und Handlungen
- Äußeres Erscheinungsbild (Dienstkleidung, Logo, Farben ...)
- Kommunikation zum Markt

9. Zusammenarbeit

Antwort 93

Zielkonflikte

Das Ziel Sicherheit kann bei einer Vergabe zum Beispiel in den Hintergrund rücken, wenn alleine wirtschaftliche Erwägungen des auftragsbezogenen Kunden eine Rolle spielen.

Interessenskonflikte

Das Kundeninteresse steht den Sicherheitsbestimmungen oder der Hausordnung gegenüber. Der Aufgabenbezogene Kunde – hier ein Vertreter, fühlt sich an der Erreichung seines Ziels evtl. gehindert, schnell einen Termin im Hause wahrzunehmen, wenn er sein Fahrzeug von Kurzzeitparkplätzen bei der Toreinfahrt erst auf den richtigen Besucherparkplatz umparken soll.

Rollenkonflikte

Der Sicherheitsmitarbeiter wird durch den Kunden als überlegen wahrgenommen, da dieser weisungsberechtigt ist.

Generationenkonflikte

Gerade bei jüngeren Mitarbeitern, die ältere Mitarbeiter kontrollieren bzw. auf diese im Rahmen Ihrer Tätigkeit treffen.

Beispielsweise einer Veranstaltung, in der 18jährige die Einlasskontrolle beim ZDF Fernsehgarten durchführen.

Territorialkonflikte

Auf den räumlichen Sicherheitsbereich bezogen, z. B. das meistens imaginär markierte Revier von Jugendgruppen. Ferner langjährige Arbeitnehmer, die bis zu vierzig Jahre in einem Betrieb tätig sind.

Antwort 94

Die Kooperation im Team sollte geprägt sein durch

- Verständnis und Hilfsbereitschaft zeigen
- Einem gelebten Proaktiven (durch alle Seiten geforderten und praktizierten Einfordern und weitergeben von Informationen) Informations- und Meinungsaustausch innerhalb der Gruppe.
- Einem Umgang innerhalb des Teams, welcher durch gegenseitige Wertschätzung, Achtung und einem respektvollem Umgang miteinander geprägt sind.
- Es gehört ebenso dazu, Meldewege innerhalb des Teams zu kennen, zu beachten und diese einzuhalten.

Als Kommunikationsbasis sollte die Kommunikationsbereitschaft praktiziert werden.

- Das Bewusstsein sollte gestärkt werden, aufeinander angewiesen zu sein.
- Hierdurch sollte auch erreicht werden, das das Konkurrenzdenken innerhalb der Gruppe gering zu halten.

Antwort 95

1. Vor dem Einsatz erfolgt die Absprache.
   - Wer spricht die Personen an?
   - Wer sichert?
2. Die Eigensicherung muss immer beachtet werden.
   - Auf Sicherungsabstand achten!
   - Der Umgang mit den Personen muss immer achtsam erfolgen. Weder provozieren, noch sich selbst provozieren lassen.
3. Bei notwendigen Rücksprachen per Handy/ Funk: Wer übernimmt die Meldungen/ Absprachen?

Die W-Fragen sollten hier beachtet werden. Festgelegte Meldewege sollten hier eingehalten werden (üblicherweise Meldung an die NSL/Einsatzzentrale).

4. Jeder achtet auf die Kollegen und die Gesamtsituation.

Alle bleiben in Sichtweite (nicht unbedingt Hörweite) der anderen, auch wenn Meldungen abgesetzt werden (Punkt 3).

5. Bevor Sie in eine unübersichtliche Situation blind hineinstolpern und übereilt reagieren, verschaffen Sie sich einen Überblick über die Gesamtsituation. Rennen Sie nicht auf den letzten Metern zum Einsatz, die letzten Meter rennt die Polizei auch nicht, da Sie dann nur die Hälfte wahrnehmen, als wenn Sie schnell gehen würden.

6. Sicherheitsbestimmungen und Maßnahmen sollten nicht nur vorgesagt werden, sondern verstanden sein und erklärt werden. Hiermit machen Sie Betroffene zu Beteiligten. Die Maßnahmenakzeptanz steigt, umso besser Sie auf das Gegenüber (in dessen Sprache!) eingehen und die Vorschriften erklären können.

Antwort 96

Der Teamleiter hat

- hat die Verantwortung für die Teambildung,
- bewegt sich im Spannungsfeld Mitglied des Teams/Schnittstelle zum Betrieb bzw. Auftraggeber,
- sollte die Motivationsfaktoren der Zusammenarbeit nutzen.
- Bei Konflikten sollte er die Problemlösungen sowohl auf der Sach- als auch der Beziehungsebene anstreben.

Er hat einen Führungsauftrag.

- Die vorgegebenen Ziele seiner Organisationseinheit, sei es durch den Kunden, oder die Geschäftsführung seines Unternehmens, muss er ebenso beachten wie die inneren Abläufe seiner Gruppe.
- Ferner sollte er die Arbeitszufriedenheit und den Zusammenhalt im Team erhalten und Fördern (Kohäsion).

Lösungen zu den Probeprüfungen

1. Probeprüfung (100 Punkte / 150 min.)

Sie sind als Schichtleiter für ein Unternehmen der Pharmazieindustrie eingesetzt. Dieses Unternehmen ist aufgrund von vermeintlicher Schädigung der Umwelt in den Mittelpunkt der Medien geraten. In der letzten Zeit finden Angriffe von außen statt. Der Kunde bittet Sie um Beratung bei der Erhöhung der Sicherheit.

Lösung 1

Von außen nach innen und unten nach oben.

Lösung 2

z. B.

- Mindesthöhe von 2,2 Meter
- Überstiegsschutz von 0,3 Meter
- Unterkriechschutz von 0,3 Meter
- Untergrabschutz von 0,8 Meter
- Standsicherheit max. 3 Meter Abstand zwischen den Stützpfosten

Lösung 3

Es sollte ein möglichst gradliniger Aufbau zu berücksichtigt werden, damit ein schneller Überblick gewährleistet werden kann.

Bäume, Sträucher, Stromkästen und ähnliches sollten nicht als Übersteighilfe genutzt werden können.

Nicht bzw. schlecht einsehbare Abschnitte sind durch technische Maßnahmen zu überwachen.

Zaunöffnungen wie Türen und Tore haben die gleichen Sicherheitsanforderungen wie der Zaun zu erfüllen.

Lösung 4

Infrarotlichtschranke

Ein nicht sichtbarer Wärmestrahl wird von einem Sender zum Empfänger gesendet. Wird dieser Unterbrochen, erfolgt eine Alarmauslösung.

Vorteil: Es handelt sich um einen aktiven Melder und ist daher schwer zu manipulieren.

Nachteil: IR-Strahlen können durch Witterungseinflüsse wie Regen, Nebel oder Schneefall beeinflusst werden. Ebenfalls können zu hoch gewachsenes Gras, Sträucher oder Kleintiere zu Auslösungen führen.

Mikrowellenrichtstrecke

Von einem Sender werden hochfrequente Strahlen zum Empfänger gesendet. Es wird ein keulenartiger Überwachungsbereich aufgebaut. Tritt eine Person in diesen Bereich werden die Signale unterbrochen.

Vorteil: Kaum Beeinflussung durch Witterungseinflüsse. Überwachung von großen Strecken möglich (250 Meter).

Nachteil: Aufgrund der Ausdehnung (Keule) ist mehr Platz in der Breite notwendig.

Kapazitive Spanndrähte

Stromdurchflossene, parallel laufende isolierte Drähte werden entlang des Zaunes gespannt. Durch anlegen von Spannung baut sich ein elektromagnetisches Feld auf. Bei Annäherung verändert sich das Feld, es kommt zur Auslösung.

Vorteil: sehr hohe Überwindungs- und Umgehungssicherheit.

Nachteil: Bei Schneefall bzw. Vereisung kann es zum Ausfall des Systems kommen.

Lösung 5

a. Datenschutz-Grundverordnung (DSGVO)

Persönlichkeitsrecht auf informationelle Selbstbestimmung

b.

- Überwachung nur zulässig zur Wahrung des Hausrechts
- oder zur Wahrnehmung berechtigter Interessen für einen konkret festgelegten Zweck
- es darf kein schutzwürdiges Interesse des Betroffenen überwiegen
- Datensparsamkeit, werden die erhobenen Daten nicht mehr benötigt sind diese zu vernichten
- auf die Überwachung ist dem Hinweis auf die überwachende Stelle hinzuweisen
- können Daten einer bestimmbaren Person zugeordnet werden, ist diese darüber zu informieren
- eine Überwachung des Bürgersteiges ist nicht zulässig

c.

- Bildaufnahme
- Bildübertragung
- Bildauswertung
- Bildverteilung
- Bildaufzeichnung
- Bildwiedergabe

Lösung 6

a. Unter Eigensicherung versteht man den Schutz des eigenen Lebens und Gesundheit sowie das der Kollegen.

b.

- Situationen rechtzeitig erkennen und richtig einschätzen
- genügend Abstand zu Personen und Gefahren halten
- nutzen von persönlicher Schutzausrüstung (PSA)
- immer den „ungünstigsten" Fall annehmen
- Routine vermeiden
- An- und Abmelden zu Kontrollgängen

- Hinzuziehen von Verstärkung
- Erhaltung der körperlichen Fitness

c. 1. Vorbereitungsphase
- Einholen aktueller Informationen, Überprüfen der Ausrüstung und Kommunikationsmittel, Anmeldung bei der Zentrale
- 2. Durchführung
- Beachtung der Eigensicherung, Kontrolltätigkeit gemäß der Dienstanweisung
- 3. Nachbereitung
- Abmeldung, Rückgabe der Objektbezogenen Ausrüstung, Dokumentation der Normabweichungen

Lösung 7

a. Die Pressefreiheit beschreibt das Grundrecht der Medien über eine freie, unzensierte Berichterstattung. Die Grenzen sind in den persönlichen Rechten des dritten gesetzt.

b.
- Person beiseite nehmen, um ein weiteres Aufschaukeln der Situation zu verhindern.
- Person ausreden lassen, damit sie ihr Ansinnen vortragen kann und Sie ihrer Antwort zuhören können.
- Aktiv zuhören um dem Gegenüber Interesse zu signalisieren.
- Ruhe ausstrahlen.

c.
- Abstand beachten, damit sich das Gegenüber nicht bedroht fühlt.
- die nonverbale Kommunikation ist zu beachten, d. h. der Augenkontakt ist zu wahren, Mimik und Gestik ist zur Unterstützung zu nutzen, sollte aber überlegt und sparsam eingesetzt werden.
- Verständnis zeigen, d. h. mindestens einem Argument des Gegenübers zustimmen und anschließend den eigenen Standpunkt formulieren.
- Aufzeigen von Alternativen.

Lösung 8

a. Der vorbeugende Brandschutz teilt sich in drei Bereiche auf. Baulicher Brandschutz: umfasst bauliche Maßnahmen, die Menschen und Sachwerte vor Brandgefahren schützen sollen, sie haben die Aufgabe den Brand in einem Bereich zu lokalisieren und somit ein Überspringen des Brandes in andere Betriebsteile zu verhindern; z. B. Brandwände und Brandschutztüren.

   Technischer Brandschutz: hierbei handelt es sich um technische Einrichtungen, die Brände erkennen, bekämpfen bzw. verhindern können; z. B. Brandmeldeanlagen und stationäre Löschanlagen.

   Organisatorischer Brandschutz: umfassen die betrieblichen Maßnahmen und Vorgaben um einen Brand zu verhindern bzw. im Brandfall schnell und wirkungsvoll Gegenmaßnahmen einleiten zu können; z. B. Erstellung einer Brandschutzordnung, Ausbildung von Mitarbeitern zu Brandschutzhelfern.

b. Aufladelöscher: das Treibmittel befindet sich in einem gesonderten Behälter, vor Einsatz muss das Löschmittel erst aufbereitet werden.

   Dauerdrucklöscher: Lösch- und Treibmittel befinden sich in einem Behälter, das Löschmittel ist sofort einsatzbereit.

c. Auf die Windrichtung achten; von Außen nach Innen löschen; stoßweise löschen; nicht einzeln, sondern mit mehreren Löschern gleichzeitig angreifen; Löschmittelreserve behalten; bei Tropfbränden von oben nach unten löschen.

2. Probeprüfung (100 Punkte / 150 min.)

Sie sind Mitarbeiter der Sicherheitsfirma „Wuchtig Sicherheitsteam GmbH" und als geprüfte Schutz- und Sicherheitskraft bei einem langjährigen Kunden eingesetzt.

Lösung 1

- Arbeitsschutz
- Brandschutz
- Datenschutz
- Umweltschutz
- Objektschutz

Lösung 2

a. Bei diesem System handelt es sich um eine Fortentwicklung des Betriebsfunks. Sie dient zum Austausch von kurzen Informationen und Meldungen im Nahbereich. Außer der Sprachübertragung, ist auch eine Übertragung von Daten (wie Texten, Fotos, Zeichnungen usw.) möglich.

   Durch eine dynamische Kanalzuweisung und Bündelung mehrer Kanäle ergibt sich der Vorteil höherer Verfügbarkeit und Effizienz.

   Der Name „Bündelfunk" resultiert aus der aus der Nutzung sog. Frequenzbündeln.

b. Mit Hilfe der Totmannschaltung ist es möglich einen Hilferuf willensunabhängig zu senden.

   Wird das Funkgerät in einem bestimmten Winkel (i. d. R. 60°) geneigt und verbleibt in dieser Stellung mehrere Sekunden, wird ein Schalter aktiviert und ein Notruf an die Zentrale gesendet.

   Alternativ: Findet innerhalb eines fest definierten Zeitabschnitts, z. B. 30 Minuten, keine Bewegung durch den Träger des Gerätes statt, wird vom HFG ein Notruf abgesetzt.

c.

- SMA bei Kontrollgängen
- Überwachung von Einzelarbeitsplätzen
- Ausführen von „Gefährliche Arbeiten" (Gesundheitsgefährdungen für Personen möglich)

Lösung 3

a. Rauch dringt in einen Rauchmelder ein, welcher dann einen Voralarm an die Brandmeldezentrale gibt. Bei Auslösung eines zweiten Melders gibt es dann den sog. Hauptalarm. Die Brandmeldezentrale löst akustische und optische Signalgeber aus, welche dann ca. zwei Minuten laufen. In dieser Zeit haben die anwesenden Personen Zeit die Räumlichkeit zu verlassen. Durch die BMZ werden Türen und Fenster geschlossen, Lüftungsanlagen abgeschaltet. Danach setzt der Löschvorgang ein.

   Bei Betätigung eines Druckknopfmelders wird der Hauptalarm sofort ausgelöst.

b. Vor Auslösung des Hauptalarms müssen zwei automatische Brandmelder ausgelöst worden sein.

c. Ein Feuer ist ein chemischer Vorgang (Oxidation).

d. Feuer = kontrollierte, vom Menschen gewollter Verbrennungsvorgang, wie Lager, Ofen

   Brand = eine unkontrollierter, nicht gewollter Verbrennungsvorgang

e. Kühleffekt, Stickeffekt und Inhibitionseffekt

Lösung 4

a.
- Entsprechender Tagesgruß
- Vorstellung und Aufgabe der eignen Person
- Deeskalierendes Vorgehen beachten
- Hinweis auf mögliche Gefahren
- Hinweis auf Arbeitsschutz
- Hinweis auf mögliche Konsequenzen
- Hinweis auf Raucherecke / -insel

Bei keiner Einsicht Sofortinformation an den Vorgesetzten der Mitarbeiter

b. DGUV Vorschrift 1, Arbeitsstättenverordnung, Arbeitsschutzgesetz, Arbeitsstättenrichtlinie Betriebsvereinbarungen, Arbeitsordnung, Brand-schutzordnung

c.
- ruhige persönliche Ansprache
- deeskalierende Körpersprache
- nachvollziehbare Argumentation
- Hinweis auf Raucherecke / -insel
- sofortiges Entfernen aus dem Gefahrenbereich
- Hinweis auf Rechtsgrundlagen
- Hinweis auf mögliche Konsequenzen

Lösung 5

a. Mitbestimmung Betriebsrat (BetrVG § 87)
   Aufnahme in Betriebsvereinbarung (BetrVG § 77)

b. mechanische Vereinzelungsanlagen
- Ausweisleser
- Türsteuereinheiten (Sperreinrichtungen)
- Datenspeicher
- Zentraleinheit (Rechner)
- codierte Ausweise
- Alarmierungseinrichtung

c. Meldung an NSL
- Verständigung technischen Service (z. B. Errichter)
- innerbetriebliche Hinweise (Durchsagen, Infos über Führungslinien)
- Kennzeichnung vor Ort (Schilder, eventuell Umleitung Personenverkehr)
- Besetzung mit Personal (personelle Einlasskontrollen)
- Infoservice (Hilfestellung vor Ort für Mitarbeiter, Besucher und Kunden)
- nach Fehlerbehebung
- Freigabe der technischen Systeme
- innerbetriebliche Information (Durchsagen, Infos über Führungslinien)
- Beschilderung entfernen
- interne Auswertung
- Abschlussbericht

Lösung 6

- Ereignisort absperren
- Befundaufnahme
- Dokumentation
- Sicherung von Spuren und Beweismitteln
- Feststellung eventueller Zeugen
- Befragung eventueller Zeugen
- bei Bedarf, eventuell Hinzuziehung der Polizei
- Erstellen des Abschlussberichtes

Lösung 7

a.

- Aufsperrsicherheit; Widerstand gegen Öffnung mit Hilfsmitteln
- Abbruchsicherheit; Widerstand gegen Abbrechen des Zylinders
- Aufbohrschutz; Widerstand gegen Zerstören durch aufbohren
- Betriebssicherheit; Funktion zuverlässig gewährleisten
- Kernziehschutz; Schutz gegen herausziehen des Zylinderkerns bzw. des gesamten Zylinders
- Nachschließsicherheit; Schutz gegen aufschließen durch nachgemachte bzw. nicht autorisierte Schlüssel

b.

- Hauptschlüsselanlage
- Generalhauptschlüsselanlage
- Zentralschlossanlage
- Kombinierte Hauptschlüssel-Zentralschlossanlage

3. Probeprüfung (100 Punkte / 150 min.)

In der Messehalle soll eine Sportveranstaltung stattfinden, zu dem 20.000 Besucher erwartet werden, unter anderen rivalisierenden Fangruppen.

Die Halle ist komplett umzäunt und hat mehrere Eingangsbereiche.

An einem der Einlässe haben Sie die Aufgabe, zehn Einlassschleusen, die mit jeweils zwei Sicherheitsmitarbeitern besetzt sind, als Teamleiter zu überwachen.

Lösung 1

- Zuverlässigkeit
- Mindestens Unterrichtung § 34a
- Volljährigkeit

Lösung 2

z. B.:

- Gegenseitige Absicherung
- Aufgabenteilung

Lösung 3

- Spezielle Unterweisung (rechtlich / psychologisch)
- Einweisung vor Ort
- Mit einem erfahrenen Kollegen zusammenarbeiten lassen
- Während der Veranstaltung wiederholt kontrollieren
- Nicht an Brennpunkten einsetzen
- ...

Lösung 4

- Handy
- Funkgerät
- Handschuhe
- Block / Stift für Notizen
- Dienstausweis

Lösung 5

- Hausfriedensbruch, § 123 StGB, Eindringen in Gebäude
- Erschleichen von Leistungen, § 265a StGB, Zutritt zu einer Veranstaltung erschleichen

jeweils Rechtswidrigkeit / Schuld gegeben.

Lösung 6

- Personenvereinzelungsgerät
- Codierter Ausweis
- Ausweislesegerät
- Auswertungseinheit (Computer)
- Drucker, Bildschirm, Tastatur
- Stromversorgung
- Alarmgeber (optisch / akustisch / still)

Lösung 7

- Gast begrüßen / sich vorstellen
- ruhig / höflich / freundlich bleiben
- Verständnis zeigen
- Ausreden lassen
- Auf mögliche Gefahren hinweisen
- Nicht provozieren / provozieren lassen
- Wenn er es akzeptiert, bedanken
- Höflich verabschieden
- ...

Lösung 7

- Gast begrüßen / sich vorstellen
- ruhig / höflich / freundlich bleiben
- Verständnis zeigen
- Ausreden lassen
- Auf mögliche Gefahren hinweisen
- Nicht provozieren / provozieren lassen
- Wenn er es akzeptiert, bedanken
- Höflich verabschieden
- ...

Lösung 8

- Gast Zutritt verweigern
- ggfs. Kollegen zuziehen als Zeuge
- Gegenstände grundsätzlich nicht annehmen (Verstoß gegen WaffG)
- Gast ggfs. vorläufig festnehmen (§ 127 StPO)
- Polizei zuziehen

Lösung 9

a. Diebstahl, § 242 StGB, Wegnahme fremder beweglicher Sachen
Rechtswidrigkeit / Schuld

b. Unterschlagung, § 246 StGB, Zueignen fremder beweglicher Sachen
Rechtswidrigkeit / Schuld

Lösung 10

a. Unter Panik versteht man eine vermeintlich oder wirklich lebensbedrohliche Situation, in der Menschen nur noch instinkiv reagieren.

b.

- Flucht- und Rettungswege freihalten
- Rivalisierende Gruppe getrennt halten
- Sicherheitsmitarbeiter entsprechend unterweisen
- Brandschutzeinrichtungen überprüfen
- Überfüllung vermeiden
- Beleuchtung kontrollieren
- ...

Lösung 11

a.

- zivilrechtlich: Schadensersatz, § 823 BGB (Tritt)
- strafrechtlich: Körperverletzung, § 223 StGB (Tritt) / Beleidigung, § 185 StGB (Idioten)

b.

- Sachverhalt (er wird festgehalten)
- Appell (loslassen)
- Selbstoffenbarung (ich möchte „frei" sein)
- Beziehung (von Euch lasse ich mir nichts sagen)

c.

Hinweis: es ist ein „richtiger" Bericht zu erstellen, je 5 Punkte erhält man auf Formalien und Inhalt

Formalien:

- Verteiler, Datum, Name, Unterschrift, Erreichbarkeit

Inhalt:

- chronologisch, neutrale Sachverhaltsschilderung

Quellen- und Literaturverzeichnis

- Gesetzessammlung Fachkraft / Servicekraft / Geprüfte Schutz und Sicherheitskraft, 7. Auflage, 2021, Verlagshaus Zitzmann
- Meister für Schutz und Sicherheit, Handlungsspezifische Qualifikationen, Band 1 Sicherheitstechnik, 5. Auflage 2022, Verlagshaus Zitzmann
- Meister für Schutz und Sicherheit, Handlungsspezifische Qualifikationen, Band 2 Organisation, 3. Auflage 2022, Verlagshaus Zitzmann
- Industriemeister Zusammenarbeit im Betrieb, 3. Auflage 2020, Verlagshaus Zitzmann
- IHK Die Weiterbildung, Geprüfte Schutz- und Sicherheitskraft, Rahmenlehrplan mit Lernzielen
- Geprüfte Schutz- und Sicherheitskraft, 4. Auflage 2022, Verlagshaus Zitzmann

Weitere Titel aus dem Verlagshaus Zitzmann

Gutsche · Limburg · Tamke · Unruh · Zitzmann

Geprüfte Schutz- und Sicherheitskraft Lehrbuch zur Vorbereitung auf die GSSK-Prüfung vor der IHK

377 Seiten, Taschenbuch (14,8 x 21,1 cm)

Dieses Lehrbuch zielt darauf ab, in verständlicher Sprache kompakt das Wissen zu vermitteln, das für die Prüfung notwendig ist. Zahlreiche Beispiele veranschaulichen und erleichtern das Verständnis für die Inhalte.

Gutsche · Riemann · Sommer

Sicherheitskonzepte – Sicherheit (Security, Arbeitssicherheit, Angebotserstellung

152 Seiten, Taschenbuch (14,8 x 21,1 cm)

Das Buch bietet einen einfachen und verständlichen Einstieg in die Thematik der Sicherheitskonzepte für alle die, die sich mit diesem Thema befassen wollen oder müssen, z. B. angehende Meister für Schutz und Sicherheit oder Geprüfte Schutz- und Sicherheitskräfte.

Geprüfte Schutz- und Sicherheitskraft
Digitale Lernkarten

Bereiten Sie sich anhand von über 780 Übungsfragen auf die Prüfung zur „Geprüften Schutz- und Sicherheitskraft" vor.

Die Fragen ermöglichen es Ihnen, die Prüfungsinhalte individuell zu erlernen, egal, wie und wo Sie lernen wollen - am PC, Mac oder Notebook, per Tablet oder Smartphone - zu Hause oder unterwegs.